JN035729

無線従事者養成課程用
標　準　教　科　書

航空特殊無線技士

無　　線　　工　　学

一般財団法人　情報通信振興会　　発　行

は　じ　め　に

本書は、電波法第41条第２項第２号に基づく無線従事者規則第21条第１項第10号の規定により標準教科書として告示された無線従事者の養成課程用教科書です。

本書は、航空特殊無線技士用無線工学の教科書であって、総務省が定める無線従事者養成課程の実施要領（郵政省告示平成５年第553号、最終改正令和５年３月22日）に基づく内容（項目と程度）により編集したものです。

目 次

第1章　電波の性質

1.1　電波の発生

アンテナに高周波電流（周波数が非常に高い電流）を流すと電波が空間に放射される。電波は波動であり電磁波とも呼ばれ、第1.1図に示すように互いに直交する電界成分と磁界成分から成り、アンテナから放射されると光と同じ速度で空間を伝わる。この放射された電波は、非常に複雑な伝わり方をし減衰する。

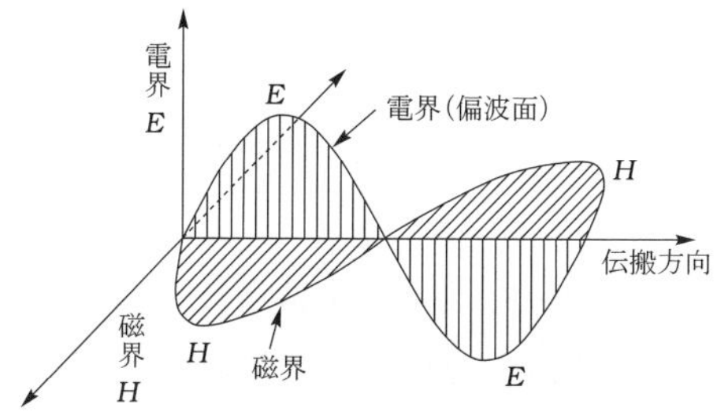

第1.1図　電波（電磁波）

1.2　基本性質

電波を情報伝達手段として利用するのが無線通信や放送であり、電波には次に示す基本的な性質がある。

① 電波は波であり、発射点より広がって伝わり、徐々に減衰する。

② 電波は電磁波とも呼ばれ、電界と磁界成分を持っている。

③ 電波が空間を伝わる伝搬速度は、30万〔km/s〕（3×10^{8}〔m/s〕）で、光と同じである。なお、光も電磁波である。

メ モ

④　電波には、直進、減衰、反射、屈折、回折、散乱、透過などの基本的な作用があり、それらの程度は周波数（１秒間の振動数）や伝搬環境（市街地、郊外、海上、上空など）によって異なる。

1.3　電波の偏波

電波の電界の方向を偏波と呼び大地に対して水平なものが水平偏波、垂直なものが垂直偏波であり、水平偏波と垂直偏波は、直交関係にあり相互に干渉しない。また、偏波面が回転するのが円偏波であり、電波の進行方向に対して右回転を右旋円偏波、左回転を左旋円偏波と呼び、直交関係にあり相互に干渉しない。

1.4　波長と周波数

第1.2図に示すように電波を正弦波形で表したとき、その山と山または谷と谷の間の長さを波長と呼び、１秒間の波の数（振動数）を周波数という。無線工学では、電波の速度を c〔m/s〕、周波数を f〔Hz〕、波長を λ〔m〕（ギリシャ文字のラムダ）で表す。

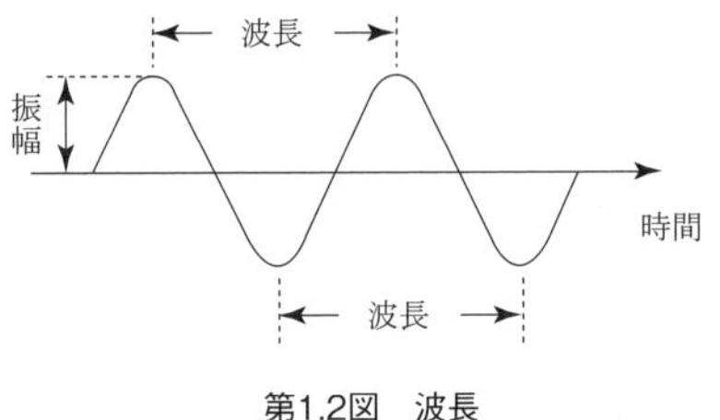

第1.2図　波長

周波数の単位は、〔Hz〕ヘルツであり、補助単位として〔kHz〕、〔MHz〕、〔GHz〕、〔THz〕を用いる。

1000〔Hz〕＝10^3〔Hz〕＝１〔kHz〕キロヘルツ

1000〔kHz〕＝10^3〔kHz〕＝１〔MHz〕メガヘルツ

1000〔MHz〕$=10^3$〔MHz〕＝1〔GHz〕ギガヘルツ

1000〔GHz〕$=10^3$〔GHz〕＝1〔THz〕テラヘルツ

波長 λ〔m〕は、次の式で求められる。

$$\lambda\,[\mathrm{m}] = \frac{\text{電波の速度}}{\text{周波数}} = \frac{c\,[\mathrm{m/s}]}{f\,[\mathrm{Hz}]}$$

$$= \frac{3\times10^{8}\,[\mathrm{m/s}]}{f\,[\mathrm{Hz}]} = \frac{300000000\,[\mathrm{m/s}]}{f\,[\mathrm{Hz}]}$$

ここで、航空交通管制（ATC：Air Traffic Control）通信で用いられている120〔MHz〕の波長を求める。始めに、周波数の単位を〔MHz〕から〔Hz〕に変える。

120〔MHz〕$=120\times10^6$〔Hz〕＝120 000 000〔Hz〕

よって波長 λ は、

$$\lambda = \frac{3\times10^{8}}{120\times10^{6}} = \frac{300000000}{120000000} = 2.5\,[\mathrm{m}]$$

として求められる。

更に、波長と周波数の関係を確認するため、距離測定装置（DME：Distance Measuring Equipment）で用いられている1〔GHz〕の波長を求める。

1〔GHz〕＝1000〔MHz〕$=1\times10^9$〔Hz〕＝1000 000 000〔Hz〕

よって波長は、

$$\lambda = \frac{3\times10^{8}}{1\times10^{9}} = \frac{300000000}{1000000000} = 0.3\,[\mathrm{m}]$$

として求められる。

これによって、周波数が高くなると波長が短くなることが分かる（周波数と波長は反比例の関係）。なお、波長はアンテナの長さ（大きさ）を決める重要な要素の一つである。

1.5　電波の分類と利用状況

電波は、波長または周波数で区分されることが多い。この区分と電波の利用状況の一例を第1.1表に示す。

第1.1表　電波の分類（周波数帯別の代表的な用途）

周波数	波長	名称	各周波数帯ごとの代表的な用途
3〔kHz〕〜30〔kHz〕	100〔km〕〜10〔km〕	ＶＬＦ 超長波	水中通信
30〔kHz〕〜300〔kHz〕	10〔km〕〜1〔km〕	Ｌ Ｆ 長波	船舶・航空機の航行用ビーコン 標準電波
300〔kHz〕〜3,000〔kHz〕	1〔km〕〜100〔m〕	Ｍ Ｆ 中波	中波放送
3〔MHz〕〜30〔MHz〕	100〔m〕〜10〔m〕	Ｈ Ｆ 短波	船舶・航空機の通信 国際通信、短波放送
30〔MHz〕〜300〔MHz〕	10〔m〕〜1〔m〕	ＶＨＦ 超短波	ＦＭ放送 無線呼出し 航空管制通信 ＶＯＲ、ローカライザ 各種陸上移動通信
300〔MHz〕〜3,000〔MHz〕	1〔m〕〜10〔cm〕	ＵＨＦ 極超短波	テレビジョン放送 グライドパス 航空用レーダー、携帯電話、ＰＨＳ 各種陸上移動通信 ＭＣＡ陸上移動通信システム
3〔GHz〕〜30〔GHz〕	10〔cm〕〜1〔cm〕	ＳＨＦ マイクロ波	電気通信事業用の通信 各種レーダー 衛星通信、衛星放送 業務用の通信
30〔GHz〕〜300〔GHz〕	1〔cm〕〜1〔mm〕	ＥＨＦ ミリメートル波（ミリ波）	衛星通信 各種レーダー 業務用の通信 電波天文
300〔GHz〕〜3,000〔GHz〕	1〔mm〕〜0.1〔mm〕	サブミリ波	電波天文

第２章　電気磁気

2.1　静電気

2.1.1　静電誘導と静電遮へい

第2.1図に示すように摩擦によって物体に電気が生じることは、日常生活で経験している。この摩擦などによって生じる電気を静電気と呼び、正（プラス）と負（マイナス）の電荷が帯電する。

第2.2図に示すように、絶縁された中性の導体棒Ａに正の電荷をもったガラス棒Ｂを近付けると、Ａ導体の中の自由電子はＢの正電荷に引き寄せられ導体棒Ａには、ガラス棒Ｂに近い方に負の電荷が、遠い方には正の電荷が現れる。この現象を静電誘導という。Ａ導体に電荷を与えたわけではないから、ガラス棒Ｂを遠ざければ、導体棒Ａに現れた正と負の電荷は引き合って中和する。

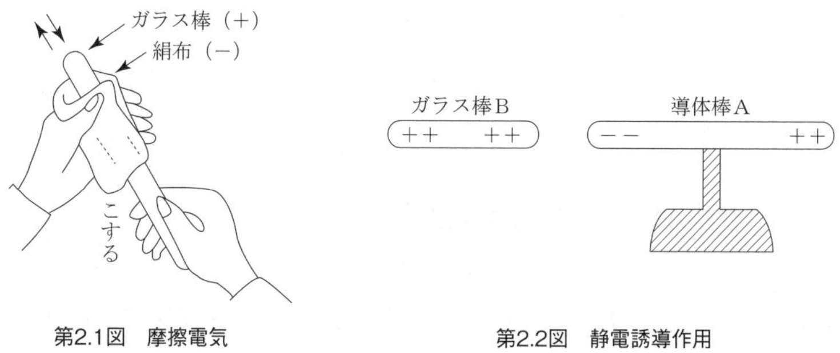

第2.1図　摩擦電気　　第2.2図　静電誘導作用

また、第2.3図に示すように、正の電荷をもった導体球Ａを中空導体Ｂで包むと中空導体Ｂの内面には負、外側には正の電荷が現れる。中空導体Ｂを接地すると正の電荷は大地に移り、外面の電荷はなくなる。そこに帯電していない導体球Ｃを近付けても静電誘導作用は生じない。このように、２個の

メ モ ＿＿＿＿＿＿＿＿＿＿＿＿＿＿＿＿＿＿＿＿＿＿＿＿＿＿＿＿＿＿＿＿＿＿＿＿

導体の間に接地した導体を置き、静電誘導作用を起こさないようにすることを静電遮へい（静電シールド（static shield））という。

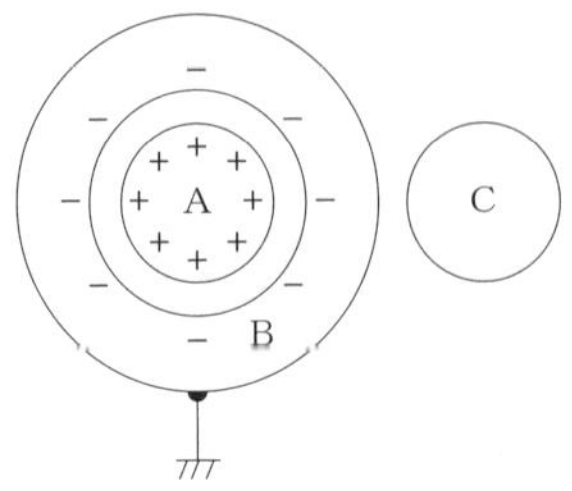

第2.3図　静電遮へい

2.1.2　静電気に関するクーロンの法則

静止している二つの点電荷Q_1〔C〕とQ_2〔C〕の間に働く力F〔N〕の大きさは、Q_1とQ_2の積に比例し、距離r〔m〕の２乗に反比例し、比例定数をkとすると、次の式で与えられる。

$$F = k\frac{Q_1Q_2}{r^2}\ 〔N〕$$

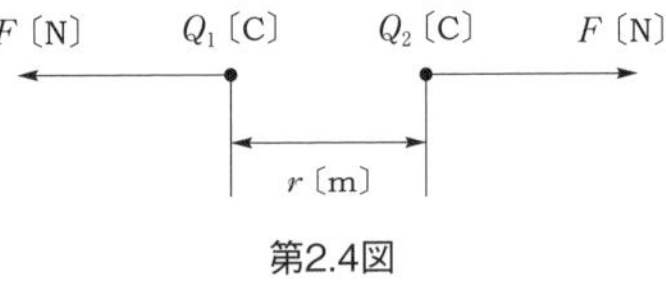

第2.4図

これを静電気に関するクーロンの法則という。Q_1とQ_2が同種の電荷であれば反発力、異種の電荷であれば吸引力となる。

2.1.3　電界の基本法則と電気力線

電荷の力が作用する空間を電界という。この電界の分布状態を表すため仮想した曲線を電気力線といい、次に挙げるような性質がある。なお、その例を第2.5図に示す。

① 正電荷から出て負電荷で終わる。

② 常に縮まろうとし、また、隣り合う電気力線どうしは反発する。

③ 電気力線どうしは交わらず、途中で消えることがない。

④ 電界の方向は電気力線の接線方向である。

⑤　等電位面（電界中で電位の等しい点を連ねてできる面）と垂直に交わる。

⑥　電気力線の密度がその点の電界の強さを表す。

⑦　電気力線は導体の面に直角になる。

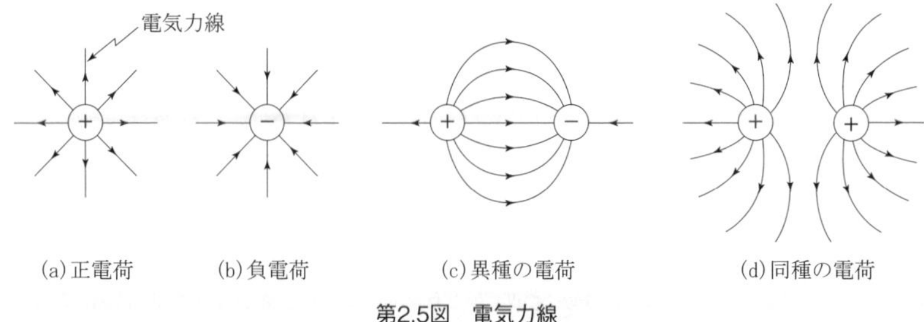

(a)正電荷　(b)負電荷　(c)異種の電荷　(d)同種の電荷

第2.5図　電気力線

2.2　磁気

2.2.1　磁気に関するクーロンの法則

磁石のＮ極にＮ極、またはＳ極にＳ極を近づけると反発力が生じ、Ｎ極にＳ極、またはＳ極にＮ極を近づけると吸引力が生じる。このように磁石は、同種極間では反発し、異種極間では吸引する。

磁極の強さm_1〔Wb〕とm_2〔Wb〕の二つの磁極間に働く力F〔N〕の大きさは、m_1とm_2の積に比例し、距離r〔m〕の２乗に反比例し、比例定数をkとすると、次の式で与えられる。これを**磁気に関するクーロンの法則**という。

$$F=k\frac{m_1 m_2}{r^2}\ \text{〔N〕}$$

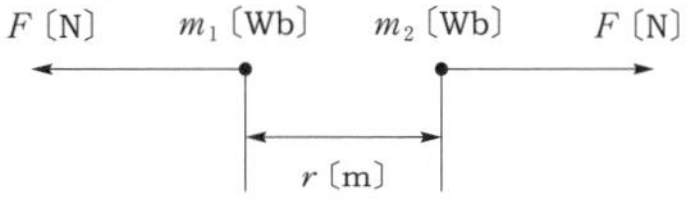

第2.6図

2.2.2　磁界の基本法則と磁力線

磁気コンパスが振れるのは、磁極の作用によるもので、このような磁極の力が作用する場を磁界または磁場という。磁界の状態を仮想した曲線で表しており、これを**磁力線**（第2.7図に示す。）と呼び、次のような性質を持って

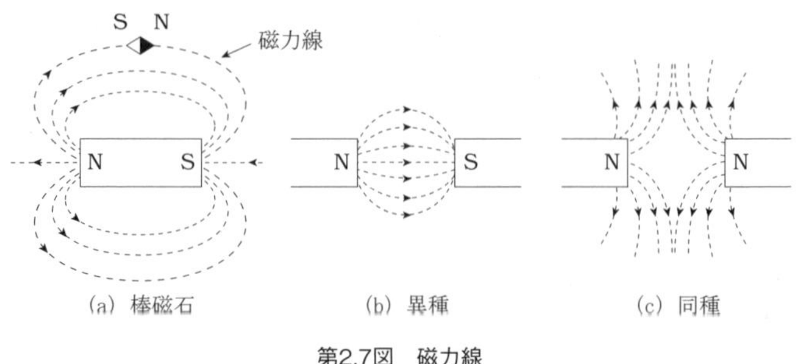

第2.7図　磁力線

いる。

① 磁力線はN極から出て、S極に入る。

② 常に縮まろうとし、隣り合う磁力線どうしは反発する。

③ 磁力線どうしは交わらず、分かれることがない。

④ 磁力線の接線の方向は、その点の磁界の方向を示す。

⑤ 磁力線の密度は、その点の磁界の強さを表す。

また、磁石の近くに鉄片を置くと吸引力を受けるとともに、鉄片は磁極に近い方に異種、また、遠い方に同種の磁極が現れて磁石となる。これを**磁気誘導作用**という。

2.3　電流の磁気作用

2.3.1　アンペアの右ねじの法則

第2.8図(a)に示すように、電流が流れている直線導体に磁針を近付けると、磁針は導線と垂直な方向を向くような力を受ける。これは電流Iによって周囲に磁界（中心に行くほど強くなる。）が生じ、点線のような磁力線ができるためである。これを電流の**磁気作用**といい、同図(b)に示すように電流の方向を右ねじの進む方向にとると、ねじの回転する方向に磁力線ができる。これを**アンペアの右ねじの法則**という。

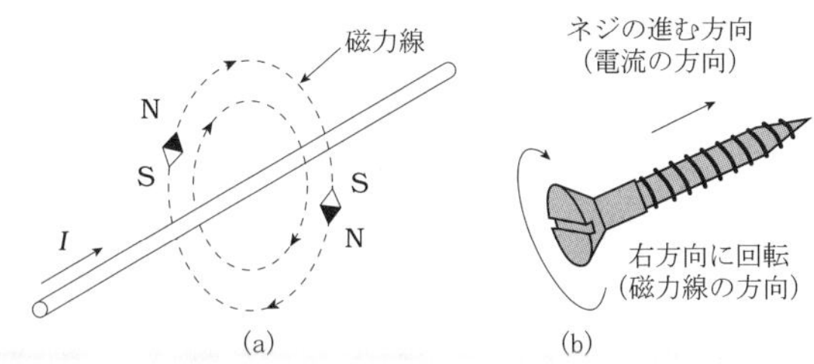

第2.8図　アンペアの右ねじの法則

2.3.2　フレミングの左手の法則

第2.9図(a)に示すように、導線を磁石のN極とS極の間に置いて電流を流すと、導線は磁石によって生じる磁束と電流の方向に直角な方向に力を受ける。このように、磁界と電流との間で働く力を電磁力という。この力の大きさは、電流の大きさ、導線の長さ、磁界の磁束密度の積に比例する。

また、第2.9図(b)に示すように左手の親指、中指（電流の方向）、人差指（磁界の方向）を互いに直角に開くと、親指の方向が電磁力の働く方向を示す。これをフレミングの左手の法則という。

なお、電気計器やモータは、この電磁力を利用したものである。

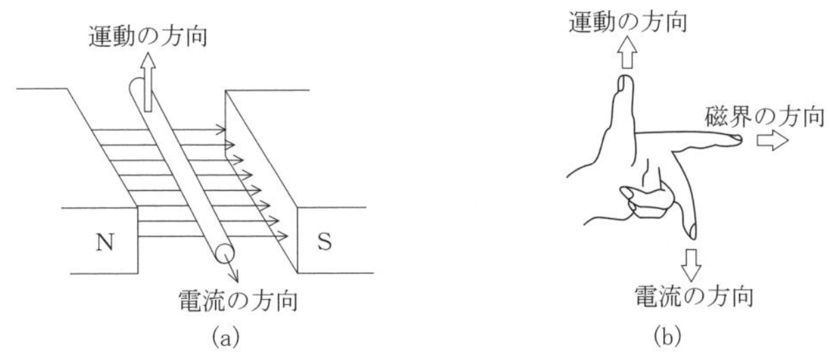

第2.9図　電磁力とフレミングの左手の法則

2.3.3　電磁誘導

第2.10図に示すようにコイルの両端に検流計をつなぎ、棒磁石をコイルの中に急に入れたり出したりすると、その瞬間だけ電流が流れる。棒磁石を動かす代わりにコイルを急に動かしても短時間だけ電流が流れる。

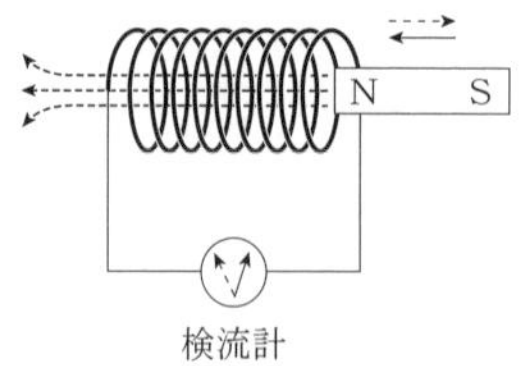

第2.10図　磁石による電磁誘導

また、第2.11図に示すように二つの回路Ａ、Ｂを並べ、Ａに電源、Ｂに検流計Ｇをそれぞれ接続しておき、ＡのスイッチＫを閉じて電流を流すと、その瞬間だけＢの検流計が振れる。回路Ａに一定の大きさの電流が流れているときは、回路Ｂには電流が流れないが、Ｋを開くと、その瞬間だけ回路Ｂに電流が流れ、その向きはＫを閉じたときと逆である。

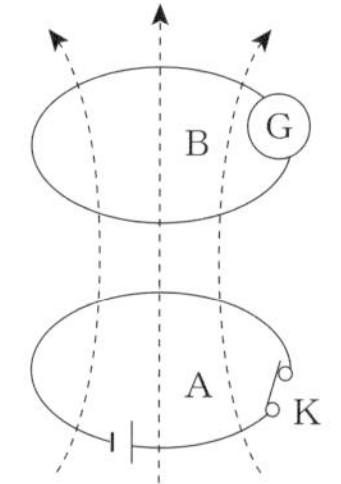

第2.11図　電磁誘導現象

このように、回路と鎖交している磁束が変化したときに、回路に起電力が生じ、電流が流れる現象を**電磁誘導**といい、また、これによって生じる起電力を**誘導起電力**という。

電磁誘導によって回路に誘導される起電力は、その回路を貫く磁束の時間に対して変化する割合に比例する。これを**電磁誘導に関するファラデーの法則**という。

また、電磁誘導によって生じる起電力の向きは、その誘導電流のつくる磁束が、もとの磁束の増減を妨げる方向に生じる。これを**レンツの法則**という。

なお、変圧器（トランス）は電磁誘導を利用したものである。

2.3.4　フレミングの右手の法則

第2.12図(a)に示すように導体の両端に検流計をつなぎ、磁石の磁極NとSの間で導体を上下に動かすと、電磁誘導により導体中に起電力を生じ、電流が流れるが、このとき発生する起電力（電流）の向きは、同図(b)のように右手の親指、中指、人差指を互いに直角に開き、人差指を磁力線の向き、親指を導線を動かす向きにとれば、中指の向きが起電力（電流）の向きを示す。これをフレミングの右手の法則という。なお、発電機はこの電磁誘導を利用したものである。

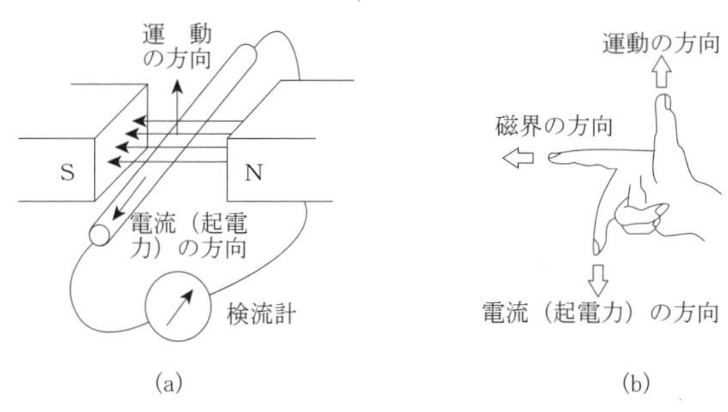

第2.12図　フレミングの右手の法則

第3章　電気回路

3.1　電流、電圧及び電力

3.1.1　電流

すべての物質は多数の原子の集合であり、原子は第3.1図に示すように、中心にある正の電荷をもつ原子核と、その周りの負の電荷をもつ電子から構成されている。

原子は通常の状態では正と負の電荷が等量であるので、電気的に中性が保たれている。導体においては、一番外側の電子は特定の原子に拘束されていない自由電子といわれる状態であって容易に移動できる。この自由電子の移動現象が電流である。しかし、摩擦電気の正と負を、摩擦した物質によって決めたときに、電子のもつ電荷を負と定めたため、電子流の方向と電流の方向が第3.2図のように逆の関係として電気の理論が組み立てられているが、この関係を改めなくても支障がないので、この約束が継続している。

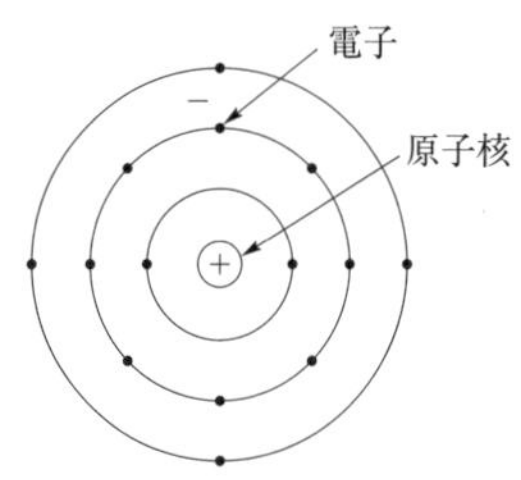

第3.1図　原子構造の模式図

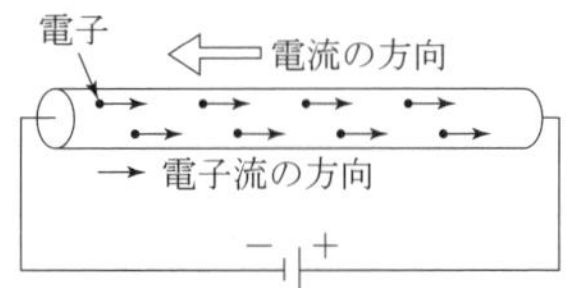

第3.2図　電子流と電流

真空中に平行で無限に長い2本の導線に等しい電流を流し、導線間に定められた電磁力が働くとき、その電流の大きさを1アンペアと定義している。量記号はIで、単位記号は〔A〕である。1アンペアの1000分の1を1ミリアンペア〔mA〕、100万分の1を1マイクロアンペア〔μA〕といい、補助

メ モ

単位として用いる。

3.1.2　電圧

水は水位の差によって流れが生じる。これと同様に、電気の場合も電位（正の電荷が多いほど電位は高く、負の電荷が多いほど電位は低い。）の差によって電流が流れるが、この電位差が電流を流すための圧力となるので電圧といい、電圧の量記号はV、起電力の量記号はE、単位はボルト、単位記号は〔V〕で表し、１ボルトの1000分の１を１ミリボルト〔mV〕、100万分の１を１マイクロボルト〔μV〕、1000倍を１キロボルト〔kV〕といい、補助単位として用いる。

なお、電池または交流発電機のように、電気エネルギーを供給する源を電源といい、その図記号を第3.3図に示す。

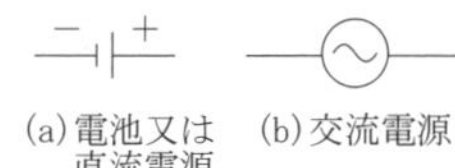

第3.3図　電源の図記号

3.1.3　直流

第3.4図のように、常に電流の流れる方向（または電圧の極性）や大きさが一定で変わらない電流を直流といい、DC（Direct Current）と略記する。例えば、電池から流れる電流は直流である。

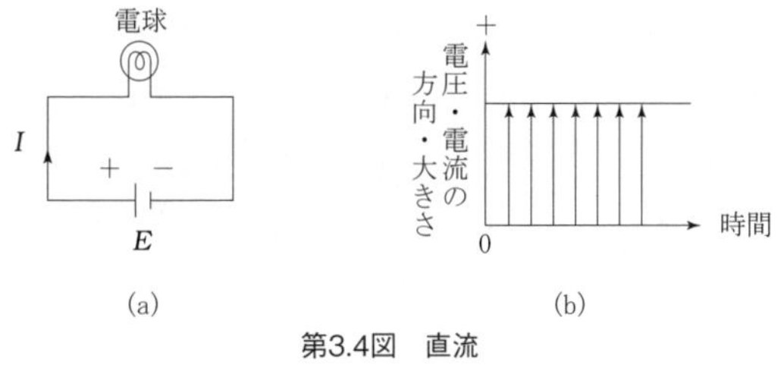

第3.4図　直流

3.1.4　交流

第3.5図のように電圧の大きさと極性や、電流の大きさと流れる方向が一定の周期をもって変化する場合を交流といい、AC（Alternating Current）

と略記する。例えば、家庭で使用している電気は交流である。

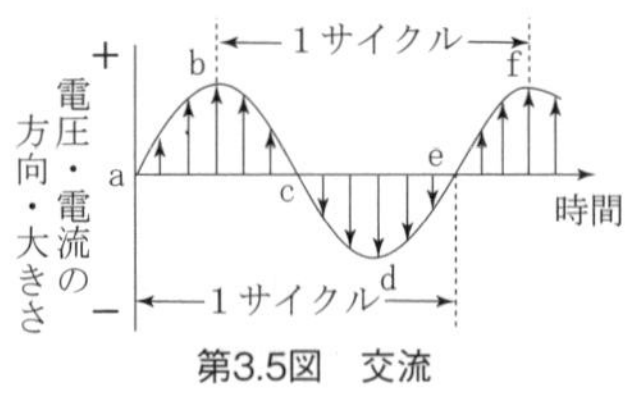

第3.5図　交流

交流は電圧や電流の瞬時値が周期的に変化するが、この繰り返しの区間をサイクルという。第3.5図についていえば、aからeまでの変化またはbからfまでの変化が1サイクルである。この1サイクルに要する時間〔秒〕を周期（記号T）という。また、1秒間に繰り返されるサイクル数を周波数（記号f）といい、単位はヘルツ、単位記号は〔Hz〕である。周期と周波数との間には

$$T=\frac{1}{f}\ 〔秒〕$$

の関係がある。

3.1.5　電力

高い所にある水を落下させ水車で発電機を回すと、電気を発生する仕事をする。したがって、高い所の水は仕事をする能力があると考えることができ、このような仕事をする能力は高さ及び流量に比例する。

電気の場合も同様に、機器で1秒当たり発生または消費する電気エネルギー（ジュール/秒）を電力といい、直流の場合は、電圧と電流の積で表される。電力の量記号はP、単位はワット、単位記号は〔W〕で表し、1ワットの1000分の1を1ミリワット〔mW〕、1000倍を1キロワット〔kW〕といい、補助単位として用いる。

電力は1秒当たりの電気エネルギーで表されるが、電力Pがある時間tに消費した電気エネルギーの総量（＝Pt）を電力量Wpといい、単位の名称及び単位記号は、ワット秒〔W・s〕、ワット時〔W・h〕で表す。ワット時

の1000倍のキロワット時〔kW・h〕が補助単位として用いられる。

3.2　回路素子

3.2.1　抵抗とオームの法則

(1)　オームの法則

管の中を水が流れる場合、管の形や管内の摩擦抵抗などにより、水の流れやすい管と流れにくい管とがあるように、導体といっても、電流は無限には大きくならないで、必ず電流の通過を妨げる抵抗作用が存在する。導体の抵抗をRとすると導体に流れる電流Iは、その導体の両端に生じる電位差すなわち電圧Vに比例する。これをオームの法則といい、

$$V = IR \text{〔V〕} \qquad I = \frac{V}{R} \text{〔A〕}$$

で表され、Rの値が大きいほど同じ電流を流すために必要な電圧は大きくなるのでRは電流の流れにくさを表す。

抵抗（または電気抵抗）の量記号はR、単位はオーム、単位記号は〔Ω〕

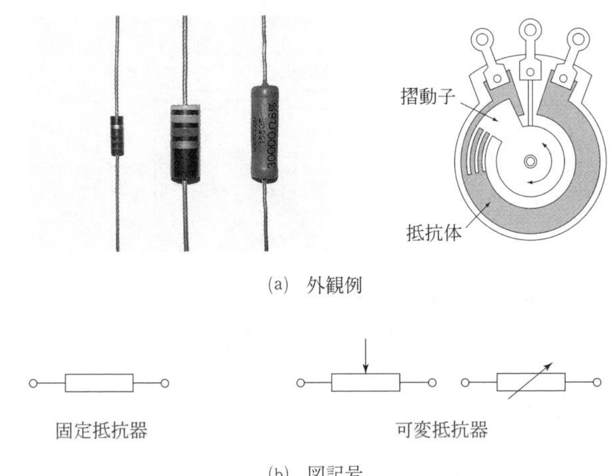

(a)　外観例

(b)　図記号

第3.6図　抵抗器の外観例と図記号

で表し、1オームの1000倍を1キロオーム〔kΩ〕、100万倍を1メガオーム〔MΩ〕といい、補助単位として用いる。

所定の抵抗をもつ素子として作られたものを抵抗器という。抵抗器には抵抗値が一定の固定抵抗器と、任意に抵抗値を増減できる可変抵抗器とがある。第3.6図に抵抗器の外観例とその図記号を示す。

抵抗器には、電圧または電力を取り出す負荷抵抗用、分圧・分流用、放電用及び減衰用など各種の用途がある。

(2) 抵抗の接続

第3.7図に示すように、抵抗R_1〔Ω〕、R_2〔Ω〕、R_3〔Ω〕を直列に接続し、これに電圧V〔V〕を加えると、回路の各抵抗には同一電流I〔A〕が流れるので、各抵抗の端子電圧V_1、V_2、V_3は

$$V_1 = R_1 I \text{〔V〕} \qquad V_2 = R_2 I \text{〔V〕} \qquad V_3 = R_3 I \text{〔V〕}$$

となり、全電圧Vは

$$V = V_1 + V_2 + V_3 = I(R_1 + R_2 + R_3) \text{〔V〕}$$

となるので、直列接続の場合の合成抵抗は

$$R = R_1 + R_2 + R_3 \text{〔Ω〕}$$

となる。

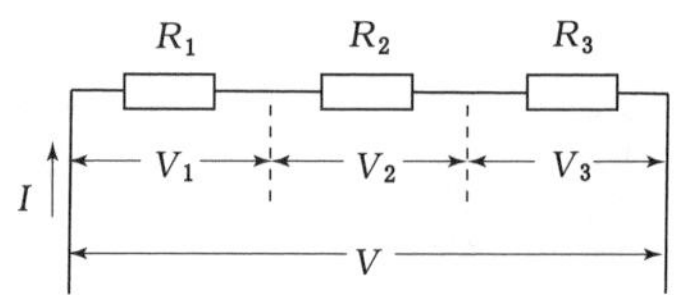

第3.7図　直列接続

また、第3.8図に示すように、抵抗R_1〔Ω〕、R_2〔Ω〕、R_3〔Ω〕を並列に接続し、これに電圧V〔V〕を加えると、各抵抗に流れる電流I_1、I_2、I_3は

$$I_1 = \frac{V}{R_1} \text{〔A〕} \qquad I_2 = \frac{V}{R_2} \text{〔A〕} \qquad I_3 = \frac{V}{R_3} \text{〔A〕}$$

となり、回路を流れる電流Iは

$$I = I_1 + I_2 + I_3 = V\left(\frac{1}{R_1} + \frac{1}{R_2} + \frac{1}{R_3}\right) \text{〔A〕}$$

となるので、並列接続の場合の合成抵抗Rは

$$R = \frac{1}{\dfrac{1}{R_1} + \dfrac{1}{R_2} + \dfrac{1}{R_3}} \text{〔Ω〕}$$

となる。なお、抵抗が２個並列の場合の合成抵抗Rは

$$R = \frac{R_1 R_2}{R_1 + R_2} \text{〔Ω〕}$$

となる。

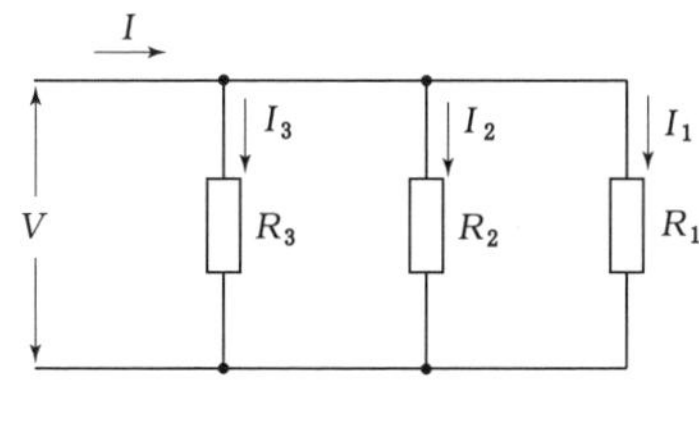

第3.8図　並列接続

3.2.2　コンデンサ

２枚の金属板または金属はくを、絶縁体を挟んで狭い間隔で向かい合わせたものをコンデンサまたはキャパシタという。

(1)　コンデンサの種類

コンデンサには、使用する絶縁体の種類によって、紙コンデンサ、空気コンデンサ、磁器コンデンサ、マイカコンデンサ及び電解コンデンサなどがある。

また、コンデンサには、容量が一定の固定コンデンサと、任意に容量を変えることができる可変コンデンサ（バリアブルコンデンサ：バリコン）などがある。

コンデンサは、共振回路（同調回路）に用いられるほか、高周波回路の結

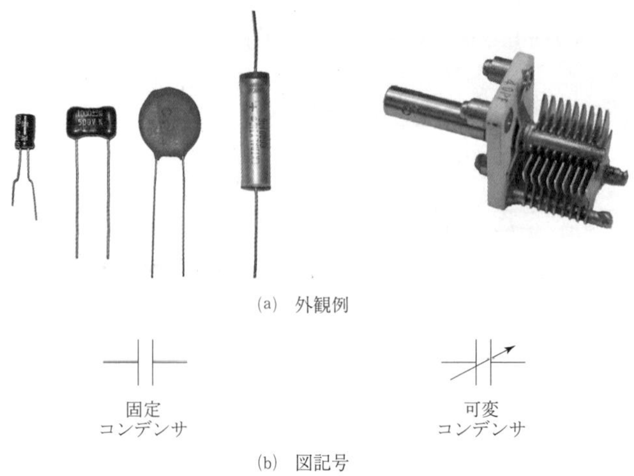

(a)　外観例

(b)　図記号

第3.9図　コンデンサの外観例と図記号

合や接地、整流回路の平滑用などに使用される。第3.9図にコンデンサの外観例とその図記号を示す。

(2)　静電容量

第3.10図のように、コンデンサに電池E〔V〕を接続すると、+、−の電荷は互いに引き合うので、金属板には図のように電荷が蓄えられ、電池を取り去ってもそのままの状態を保っている。

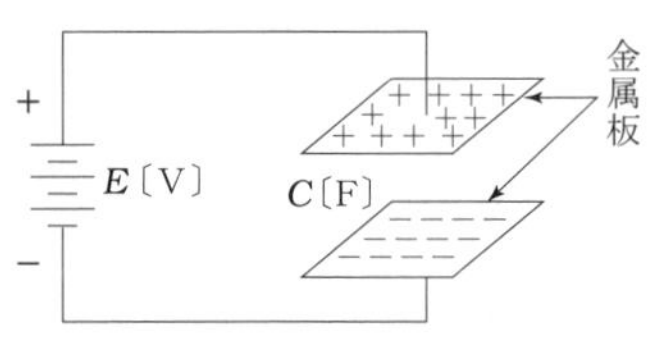

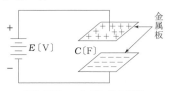

第3.10図　コンデンサの原理

この場合、コンデンサがどのくらい電荷を蓄えられるか、その能力を**静電容量**（単に容量ということもある。）あるいは**キャパシタンス**という。静電容量の量記号はC、単位は**ファラド**（ファラッドともいう）、単位記号は〔F〕である。

１ファラドの100万分の１を１マイクロファラド〔μF〕、１兆分の１を１ピコファラド〔pF〕または１マイクロマイクロファラド〔$\mu\mu$F〕といい、補助単位として用いる。

(3)　コンデンサの接続

第3.11図(a)のように、コンデンサC_1〔F〕、C_2〔F〕を接続した場合を直列接続といい、合成静電容量Cは、

$$C=\frac{1}{\dfrac{1}{C_1}+\dfrac{1}{C_2}}=\frac{C_1C_2}{C_1+C_2}\ 〔\mathrm{F}〕$$

となる。

図(b)のように接続した場合を並列接続といい、合成静電容量Cは

$$C=C_1+C_2\ 〔\mathrm{F}〕$$

となる。

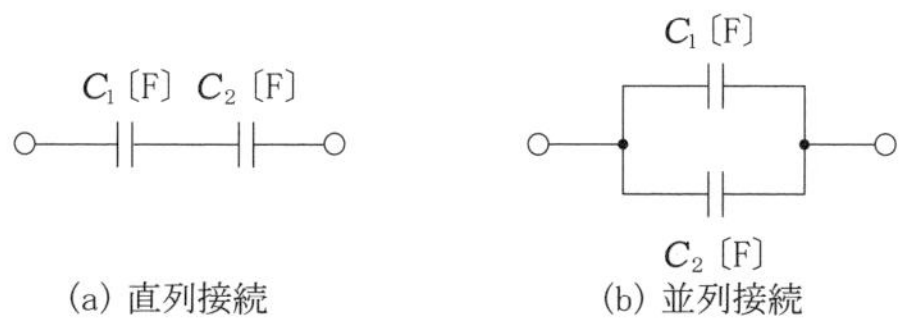

第3.11図　コンデンサの接続

3.2.3　コイル

導線を環状に巻いたものをコイルという。コイルにはいろいろな種類がある。鉄心を使用しているもの（低周波チョークコイルなど）、周波数の高いところで使用される空心のコイルなどがあるが、同調コイル、発振コイル及び高周波チョークコイルなどにはフェライトやダストコア入りのものがよく用いられている。

また、交流電圧を所望電圧に昇圧したり、降圧したり、あるいは回路を結合するのにコイルを組み合わせた変圧器（トランス）が用いられており、周波数によって前記のような鉄心入りや、空心のものが使用されている。これ

には、同調コイル、低周波トランス、出力トランス、中間周波トランス及び電源トランスなどがある。

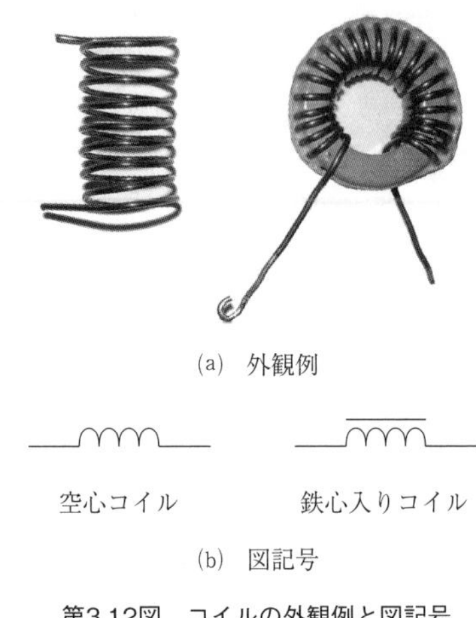

(a) 外観例

(b) 図記号

第3.12図　コイルの外観例と図記号

第3.12図にコイルの外観例と図記号を示す。

コイルに流れる電流が変化すると、電磁誘導によってコイルに起電力が生じ、この現象を自己誘導作用という。

コイルの電流が変化したときに生じる起電力の大きさを自己インダクタンスまたは単にインダクタンスという。

インダクタンスの量記号はL、単位はヘンリー、単位記号は〔H〕である。1ヘンリーの1000分の1を1ミリヘンリー〔mH〕、100万分の1を1マイクロヘンリー〔μH〕といい、補助単位として用いる。

3.3　導体及び絶縁体

3.3.1　導体、絶縁体及び半導体

物質には、電荷が容易に移動することができる導体（銅のように電気を伝える物質）と、電荷が移動できない不導体または絶縁体（ガラスのように電

気を伝えない物質）とがある。また、この中間の性質をもつものを半導体という。第3.13図にこれらの代表的な例を示す。

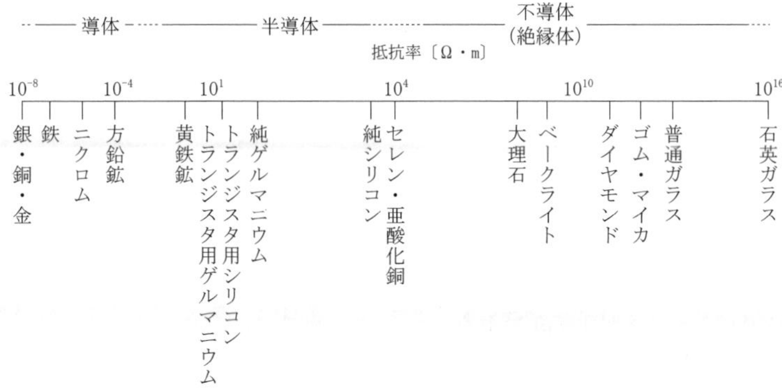

第3.13図　導体、絶縁体及び半導体

3.4　フィルタ

3.4.1　概要

無線通信装置には用途により特定の周波数より低い範囲の信号を通す回路、逆に、高い周波数の信号のみを通過させる回路、特定の周波数範囲の信号のみを通過させる回路などが組み込まれている。これらの回路はフィルタと呼ばれ、次のようなものがある。

3.4.2　低域通過フィルタ（LPF：Low Pass Filter）

LPFは第3.14図(a)に示すように、周波数f_cより低い周波数の信号を通過させ、周波数f_cより高い周波数の信号は通さないフィルタである。

3.4.3　高域通過フィルタ（HPF：High Pass Filter）

HPFは第3.14図(b)に示すように、周波数f_cより高い周波数の信号を通過させ、周波数f_cより低い周波数の信号は通さないフィルタである。

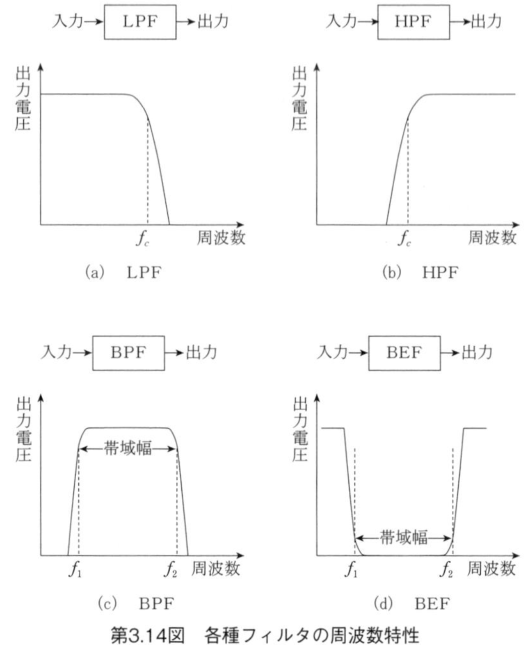

第3.14図　各種フィルタの周波数特性

3.4.4　帯域通過フィルタ（BPF：Band Pass Filter）

BPFは第3.14図(c)に示すように、周波数f_1より高く、f_2より低い周波数の信号を通過させ、その帯域外の周波数の信号は通さないフィルタである。

3.4.5　帯域消去フィルタ（BEF：Band Elimination Filter）

BEFは第3.14図(d)に示すように、周波数f_1より高く、f_2より低い周波数の信号を減衰させ、その帯域外の周波数の信号は通すフィルタである。

第4章　半導体及び電子管

4.1　半導体

4.1.1　半導体

半導体は導体と絶縁体の中間の性質をもっており電子回路の部品や素子などに用いられる極めて重要なものである。具体的にはシリコン、ゲルマニウム、セレン、亜酸化銅などであり、半導体の存在なくして今日のワイヤレス技術、コンピュータ技術、ネットワーク技術などの進歩発展はない。

4.1.2　半導体素子

(1)　N形半導体とP形半導体

純粋なシリコン、ゲルマニウム等に、特定の物質を混入して結晶を作ると、特性の異なる半導体を作ることができ、その特性によってN形半導体とP形半導体に分類される。

(a)　N形半導体

純粋な4価のシリコンの単結晶中に、ごく微量の5価の元素（ひ素（As）・アンチモン（Sb）等）を不純物として加えると、これらの原子の一番外側の電子は、4個が周囲のシリコン原子と共有結合の状態となるが、1個が余る。この余った電子は、自由電子となる。加える5価の不純物をドナーという。

このようにドナーを混入した電子が多い半導体をN形半導体という。

(b)　P形半導体

純粋な4価のシリコンの単結晶中に、ごく微量の3価の元素（インジウム（In）・ガリウム（Ga）等）を加えると、インジウム原子の一番外側の電子は、周囲のシリコン原子と共有結合の状態となるが、1個不足する。この3価の

メ モ

不純物をアクセプタという。この不足した部分は正の電荷をもつと考え、これを**正孔**（またはホール）といい、このような正孔が多い半導体を**P形半導体**という。

4.1.3　ダイオード

第4.1図に示すように、P形半導体とN形半導体とを接合したものを接合ダイオードという。接合ダイオードの図記号を第4.2図に示す。

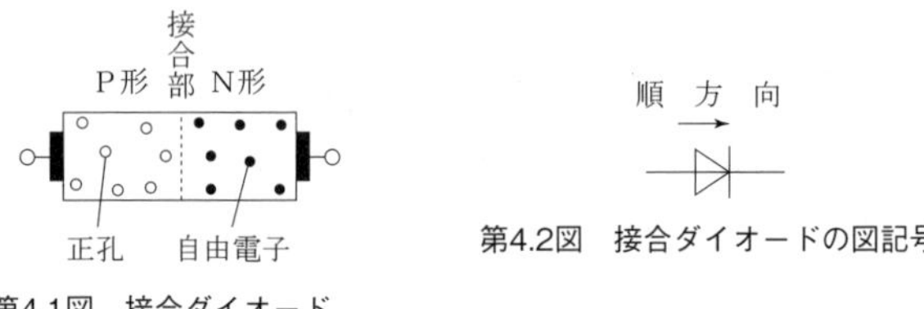

第4.1図　接合ダイオード

第4.2図　接合ダイオードの図記号

ダイオードは第4.3図に示すような電圧電流特性を持ち、交流が加わると正の半サイクルでは電流を流し、負の半サイクルでは逆方向ではほとんど流さないので、整流、検波、スイッチング素子として用いられる。

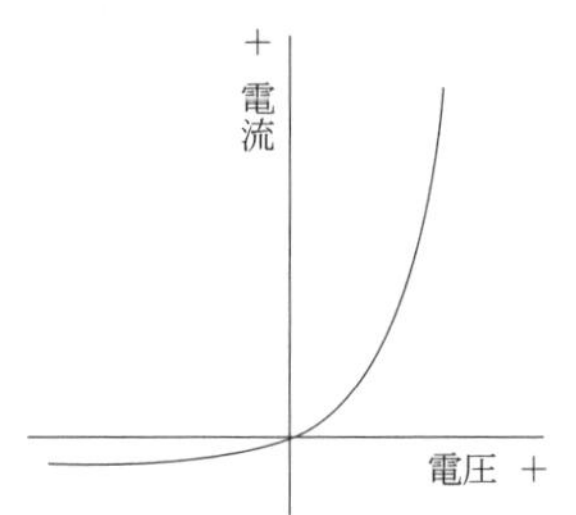

第4.3図　ダイオードの電圧電流特性

ダイオードには、電圧を一定に保つ**定電圧ダイオード**、印加電圧を変えると静電容量が変化する**可変容量ダイオード**（バラクタダイオード）、負性抵抗の作用でマイクロ波の発振を起こす現象（ガン効果）を利用するガンダイオード、PN接合部で電子と正孔が再結合するときに余ったエネルギーが光となる**発光ダイオード**及び光のエネルギーが電流に変換されるホトダイオードなどがある。

4.1.4　トランジスタ

増幅回路（5.1参照）や発振回路（5.2参照）の主要素子として用いられるのがトランジスタであり、大きく分けて接合トランジスタと電界効果トランジスタの２種類がある。

(1)　接合トランジスタ

(a)　概要

第4.4図のように、接合トランジスタには、図(a)のようにＰ形半導体の間に極めて薄いＮ形半導体を挟んだものと、図(b)のようにＮ形半導体の間に極めて薄いＰ形半導体を挟んだものとがある。前者をPNP形、後者をNPN形トランジスタといい、これらトランジスタの各部分は、薄い半導体層がベース（B）で、これを挟んだ半導体がエミッタ（E）とコレクタ（C）であり、図記号を第4.5図に示す。図中エミッタの矢印は、順方向電流（Ｐ形からＮ形に流れる電流）の方向を示す。

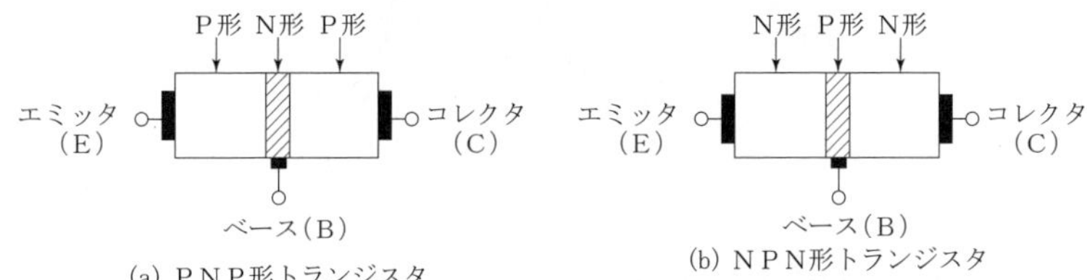

(a) ＰＮＰ形トランジスタ　(b) ＮＰＮ形トランジスタ

第4.4図　接合トランジスタの構造と電極

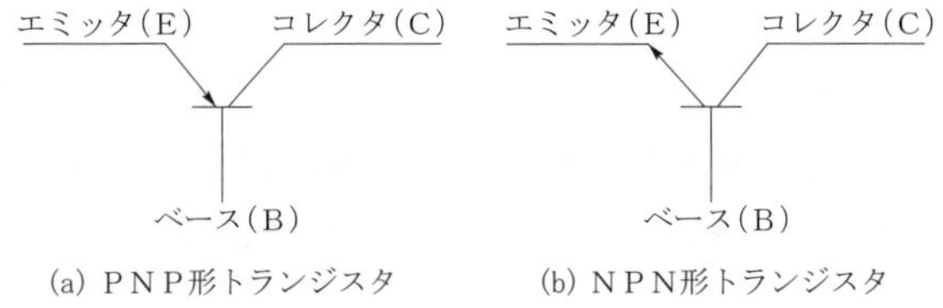

(a) ＰＮＰ形トランジスタ　(b) ＮＰＮ形トランジスタ

第4.5図　トランジスタの図記号

(b) トランジスタの特徴

トランジスタには、電子管（真空管）と比較して次のような長所と短所がある。

長所

① 小型軽量である。

② 電源投入後、直ちに動作する。

③ 低電圧で動作し、電力消費が少ない。

④ 機械的に丈夫で寿命が長い。

短所

① 熱に弱く、温度変化により特性が変わりやすい。

② 単体での大電力増幅に適さない。

写真4.1にトランジスタの例を示す。

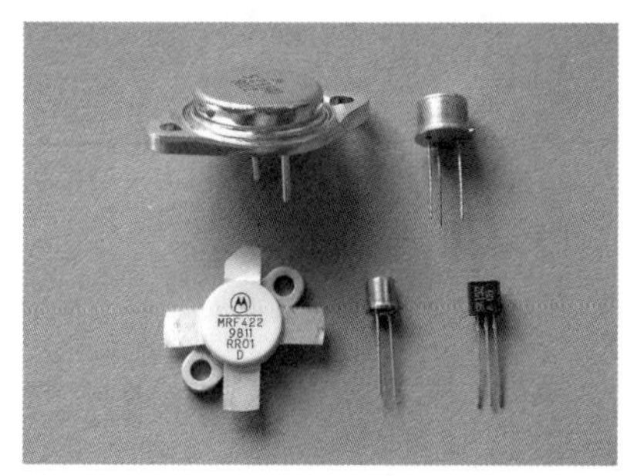

写真4.1

(2) 電界効果トランジスタ（FET）

(a) 概要

ベース電流によってコレクタ電流を制御する接合トランジスタに対し、ゲート電圧によってドレイン電流を制御するトランジスタを電界効果トランジスタ（FET：Field Effect Transistor）という。一般のトランジスタでは、正孔と電子の両方がキャリアとして働くが、FETにおけるキャリアは、正孔または電子のどちらか一つである。接合形FETの図記号を第4.6図に示す。

FETは、ソース（S)、ドレイン（D)、ゲート（G）の電極をもち、これ

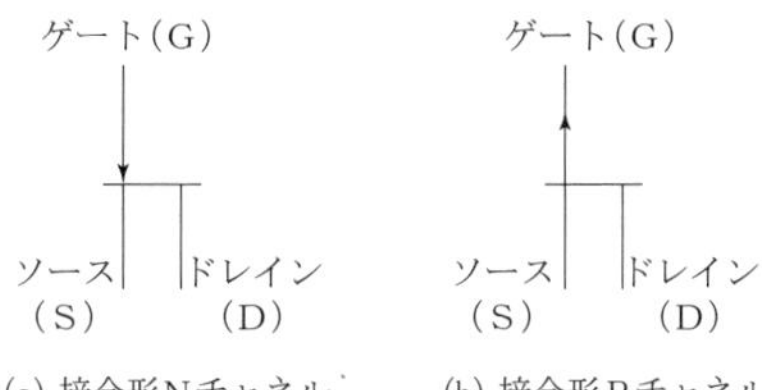

第4.6図　FETの図記号

らは、それぞれ接合トランジスタのエミッタ、コレクタ及びベースに対応する。

FETには多くの種類があるが例として、第4.7図(a)にNチャネル接合形FET、同図(b)にMOS形FET（モス形FETと呼ぶ）の原理的な構造図を示す。MOS形FETは、ゲートが金属（Metal）、酸化膜（Oxide）、半導体（Semiconductor）で構成されるので、各頭文字をとってMOSと名づけられている。更に、MOS形FETにはデプレション形とエンハンスメント形があり、それぞれにNチャネルとPチャネルがある。それらの図記号を第4.8図に示す。

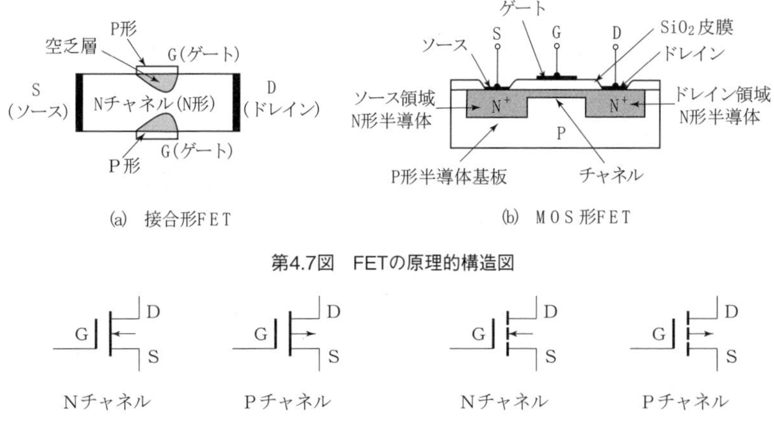

第4.8図　MOS形FETの図記号

(b) FETの特徴（トランジスタとの比較）

FETはトランジスタと比べると次のような特徴をもっている。

① キャリアが1種類である。
② 電圧制御素子である。
③ 入力インピーダンスが非常に高い。
④ 低雑音であるものが多い。
⑤ 温度変化の影響を受けにくい。

4.2 集積回路

一つの基板に、トランジスタ、ダイオード、抵抗及びコンデンサなどの回路素子から配線までを一体化し、回路として集積したものを集積回路（IC：Integrated Circuit）という。

ICには、シリコン基板を使う半導体ICとセラミック基板を使うハイブリッドICがある。このようなICを用いると、送受信機を非常に小型にでき、高機能化が可能であるとともに回路の配線が簡単で信頼度も高くなるなどの利点があるため、無線機器をはじめ多くの電子機器に使用されている。集積回路には次のような特徴がある。

① 集積度が高く複雑な電子回路が超小型化できる。
② 部品間の配線が短く、超高周波増幅や広帯域増幅性能がよい。
③ 大容量、かつ高速な信号処理が容易である。
④ 信頼度が高い。
⑤ 量産効果で経済的である。

また、ICを更に高集積化したものが、大規模集積回路（Large Scale Integration LSI）や超LSI（Very Large Scale Integration VLSI）である。これらは、コンピュータの中央演算処理装置（Central Processing Unit CPU）やメモリをはじめ多くの電子機器、家電製品など、広い分野で使用されている。

写真4.2　ICの例（内部拡大）

4.3　マイクロ波用電力増幅半導体素子

マイクロ波帯では高電力増幅器の増幅素子として、進行波管（TWT：Traveling Wave Tube）が用いられていたが、最近の装置には半導体のマイクロ波電力増幅素子として直線性の優れたGaAsFET（ガリウム砒素FET）やHEMT（High Electron Mobility Transistor：高電子移動度トランジスタ）が用いられることが多い。なお、高電力が必要な場合には、電力増幅器のモジュールを並列接続することで規格の電力を満たしている。

FETをマイクロ波のような非常に高い周波数帯で利用するためには、FETのキャリア速度を速くする必要がある。半導体内のキャリアの移動速度は、加える電圧（印加電圧）を上げると速くなるわけではなく、途中で不純物原子や結晶などと衝突して一定値に近づく。移動度（モビリティ：Mobility）を比較すると、一般的な半導体のシリコンよりGaAs（ガリウム砒素）の方が数倍大きな値である。したがって、GaAsを用いることにより高周波特性の優れたFETが得られる。

半導体と金属との接触を利用するショットキー・ゲート形FETの構造の一例を第4.9図に示す。

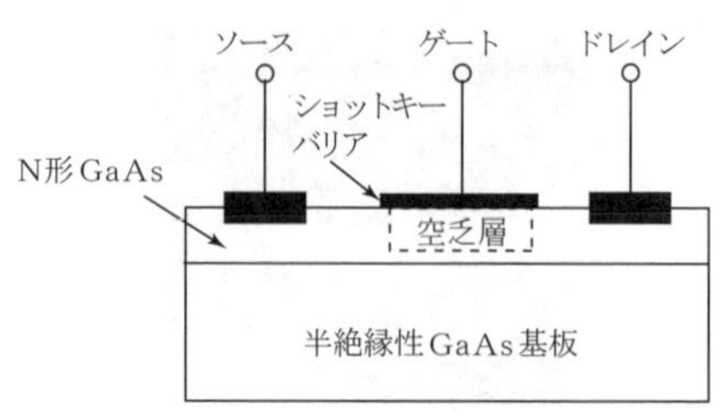

第4.9図　GaAsFETの原理的構造図

動作原理は、ゲートに加えられる入力信号によってショットキーバリア直下の空乏層の厚さを変化させることでドレイン電流をコントロールするものである。

この基本原理に基づき、素子を並列に多数並べることで高周波特性の優れた電力増幅用のGaAsFETを得ている。

このショットキーGaAsFETの自由電子の移動度を更に大きな値としたのがHEMTである。HEMTでは、GaAsFETにおける半絶縁性GaAs基板を改良し、高電子移動度の層を生成して２重層構造にすることで、電子の移動速度をより速くし、高周波特性を改善している。

4.4　マイクロ波用電力増幅電子管

4.4.1　概要

マイクロ波帯では特殊な真空管であるマグネトロン、クライストロン、進行波管（TWT）などを用いて高出力を得ていたが、半導体技術やデジタル信号処理技術などの進歩により固体化装置に置き換えられている。ただし、TWTについては、広帯域性に優れ、増幅度が大きく、高出力が得られるので一部の装置で使用されている。

4.4.2　進行波管（TWT）

進行波管（TWT）はマイクロ波用電子管のなかで、広帯域高能率増幅や長寿命などの特徴から、マイクロ波通信回線、衛星通信地球局等の地上関係無線設備のほか、更に高信頼長寿命が要求される通信・放送衛星などの人工衛星搭載用として、利用されている。

TWTは、高周波電界と電子流との相互作用による速度変調、密度変調過程でのエネルギー授受により増幅を行うが、このために遅波回路（ら旋低速波回路）を用いている。第4.10図にTWTの構造の一例を示す。

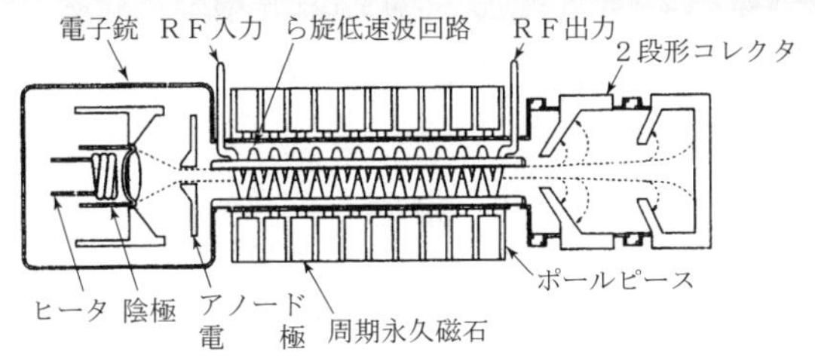

第4.10図　進行波管の構造

第5章　電子回路

5.1　増幅回路

5.1.1　増幅作用

第5.1図に示すように回路の入力端子に信号を加えて、その回路の出力端子より信号を取り出した場合、入力信号に比べて出力信号が大きくなる作用を増幅という。そして、このための回路が増幅回路で、装置としたものが増幅器である。

第5.1図　増幅器の増幅度

増幅の目的により、電圧を増幅するものは電圧増幅回路または電圧増幅器、電流を増幅するものは電流増幅回路または電流増幅器、大きな電力を得るために用いられるのが電力増幅回路または電力増幅器である。

増幅の度合いを示す増幅度は、次の式で求められる。

$$増幅度=\frac{出力}{入力}$$

5.1.2　増幅方式

トランジスタ増幅回路は、トランジスタの動作状態によりA級、B級、C級、AB級などに分類され、用途に応じて使い分けられる。なお、増幅器の効率と直線性（低ひずみ特性）を両立させることは難しい。

(1)　A級増幅

A級増幅は、入力信号の波形が忠実に増幅されるひずみの少ない方式で

メ モ ――――――――――――――――――――

ある。しかし､効率は悪い。小さな信号を忠実に増幅する用途に適している。

⑵　Ｂ級増幅

Ｂ級増幅は、出力信号波形にひずみが生じるので信号を忠実に増幅する用途には適さない。効率はＡ級とＣ級増幅の中間である。

⑶　Ｃ級増幅

Ｃ級増幅は、Ｂ級増幅よりひずみが多いので音声信号を増幅する用途には適さない。しかし、効率は良い。FM方式送信機の電力増幅器に用いられている。

⑷　AB級増幅

AB級増幅は、Ａ級とＢ級の中間の方式であり、低ひずみの電力増幅器として広く用いられている。

5.2　発振回路

5.2.1　発振回路

コイルとコンデンサから成る共振回路などで発生させた電気振動をトランジスタ等の増幅回路で持続させると共振回路の定数で決まる周波数の信号が生成される。例えば、増幅器の出力の一部をある条件で入力に戻すと、その戻された信号が増幅され、そして再び入力に戻され、それが増幅されることをくり返し発振状態になる。このとき、回路の一部に共振回路などを挿入すると、その共振周波数で発振することになる。

⑴　自励発振回路

コイルとコンデンサなどで共振回路を構成する第5.2図に示すような自励発振回路は、コイルやコンデンサの値を変えることで比較的簡単に発振周波数を変化できるが周波数の安定度が悪い。

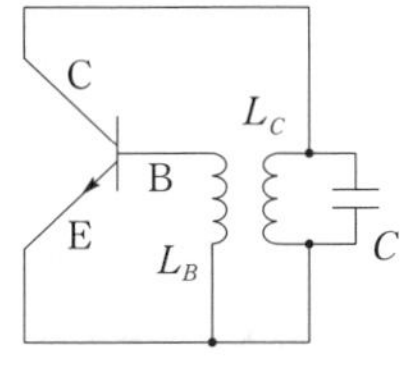

第5.2図　自励発振回路

(2) 水晶発振回路

第5.3図に示すような水晶発振回路は、共振素子として固有振動数が非常に安定である水晶振動子を用いるので周波数の安定度が良い。しかし、発振周波数は水晶振動子の固有振動数で決まるので変えられない。なお、水晶振動子の物理的な制約により、安定に発振できる周波数には上限（20〔MHz〕程度）がある。水晶発振回路は周波数安定度が高く、周波数精度の優れた固定周波数の信号を必要とする場合に用いられ、周波数シンセサイザや周波数カウンタなどの基準発振器として使われている。

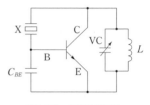

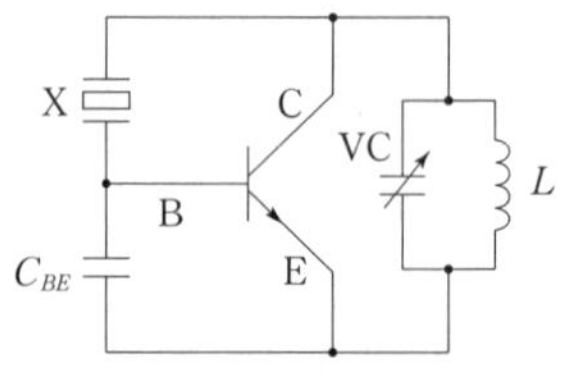

第5.3図　水晶発振回路

5.2.2　PLL発振回路（Phase Locked Loop：周波数シンセサイザ）

周波数シンセサイザは、水晶発振器と同様の周波数安定度と精度を備える周波数可変信号発生器である。一例として、第5.4図に25〔kHz〕ステップで150～170〔MHz〕の安定した周波数を生成する周波数シンセサイザの構成概念図を示す。なお、基準発振器は、周波数安定度と精度の優れた水晶発振器であり、周波数シンセサイザの性能を決める基準となる発振器である。

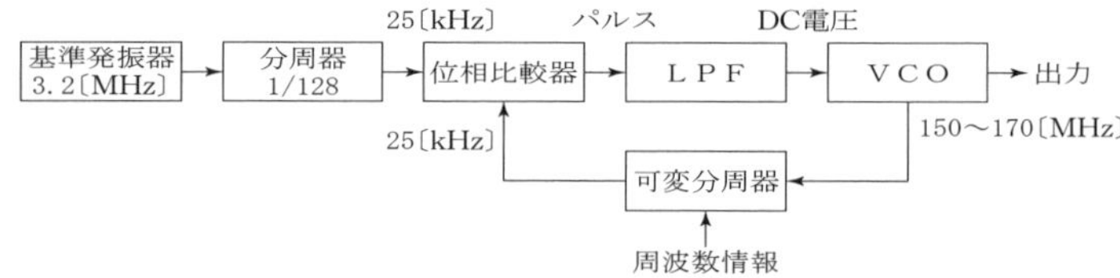

第5.4図　周波数シンセサイザの構成概念図

基準発振器で作られた3.2〔MHz〕を128分周した25〔kHz〕の信号は、位相比較器の一つの入力に加えられる。そして、位相比較器のもう一方の入力には、可変容量ダイオード（バラクタダイオード）を用いた電圧制御発振器（VCO：Voltage Controlled Oscillator）の出力を周波数情報に基づく数で分周した概ね25〔kHz〕の信号が加えられる。位相比較器は、入力された二つの信号の周波数と位相を比較し、周波数差と位相差に応じたパルスを出力する。この出力されたパルスは、シンセサイザの応答特性を決めるLPFによって直流電圧に変換され、VCOの可変容量ダイオードに加えられる。この結果、VCOの周波数が変化して、周波数及び位相が基準発振器からの25〔kHz〕と一致したときにループが安定し、基準発振器で制御された安定で正確な信号が得られる。

例えば、150〔MHz〕の信号が必要な場合は可変分周器で6000分周、170〔MHz〕で6800分周することになる。このように可変分周器の分周数を変えることで150～170〔MHz〕帯において25〔kHz〕ステップの周波数を生成できる。

5.3　アナログ方式変調回路

5.3.1　概要

大声で情報を伝えようとしても100メートル程度が限界である。しかし、声を電気信号に変えて搬送波に乗せ、アンテナより電波として放射すると遠く離れた所に伝えることができる。

このように、情報を遠く離れた所に伝えるために行われる信号処理の一つが変調である。変調とは、音声や音響、影像、文字などの情報を搬送波（周波数が高くエネルギーの大きい信号）に乗せることである。変調回路の構成概念図を第5.5図に示す。

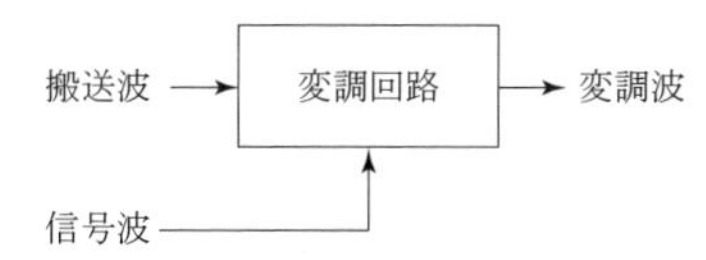

第5.5図　変調回路

変調方式は搬送波に情報を乗せる方式により幾つかの種類に分けられる。変調方式が異なると特性も異なるので、それぞれの特性に応じて使い分けられる。

アナログ変調は、アナログ信号（時間と共に信号の振幅が連続的に変化する信号）によって搬送波を連続的に変化させるものである。一方、デジタル変調は、デジタル信号（電圧の有無のような２値の電圧による不連続な信号）で搬送波を変化させる方式である。

5.3.2　振幅変調（AM：Amplitude Modulation）

(1)　DSB方式

DSB（Double Side Band）方式は、近距離の航空交通管制通信、中波のラジオ放送、漁業無線などに用いられている。

第5.6図(a)のような振幅が一定の搬送波を、図(b)のような変調信号で振幅変調すると、振幅が変調信号の振幅に応じて変化し、図(c)のような変調波になる。したがって、変調信号の振幅が大きければ変調波の振幅の変化も大きく、変調信号の振幅が小さければ変調波の振幅の変化も小さい。いま、図(a)のように搬送波の振幅をA、図(b)のように変調信号の振幅をBとすると、B/Aは変調の深さを示し、通常、次式のように、変調度mとして百分率で表す。

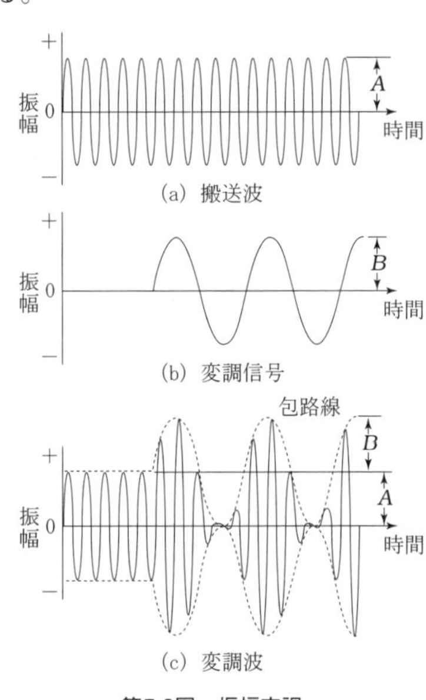

第5.6図　振幅変調

$$m=\frac{B}{A}\times 100\ 〔\%〕$$

この変調度mが100〔%〕以上になると、第5.7図に示すような変調波形となるが、この状態を過変調という。

過変調はひずみを生じ、占有周波数帯幅（電波の周波数帯域幅をいう。）を広げるので好ましくない。

この占有周波数帯幅というのは、横軸に周波数、縦軸に振幅をとって発射

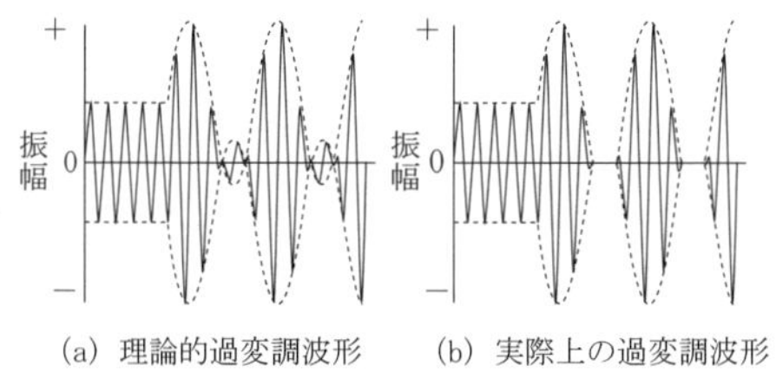

第5.7図　過変調のときの波形

電波の出力分布（この分布状況をスペクトルという。）を見たとき、発射電波のエネルギーがどれくらいの周波数範囲に広がっているかを表すものである。

いま、周波数がf_cの搬送波を、周波数がf_sの変調信号で振幅変調すると、変調波には第5.8図に示すようにf_cの搬送波の上下に$f_c + f_s$及び$f_c - f_s$の周波数成分が生じる。そして$f_c + f_s$を上側波、$f_c - f_s$を下側波といい、

$$(f_c + f_s) - (f_c - f_s) = 2f_s$$

を占有周波数帯幅という。

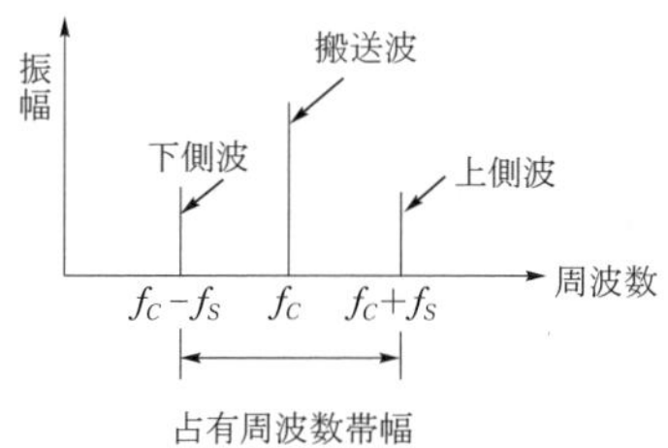

第5.8図　振幅変調波の周波数スペクトル

変調信号が音声の場合は、第5.6図(b)のような単一波形でなく、変化の激しい複雑な波形で変調することになるので、変調波も変化の激しい複雑な波形になる。しかし、音声に含まれる周波数成分は、数10〔Hz〕から3000〔Hz〕までが主体であるから、第5.9図に示すように、搬送波$f_c \pm 3$〔kHz〕の範囲内に分布すると考えればよく、このときの占有周波数帯幅は6〔kHz〕である。

このように、変調信号の成分は、上側波帯（USB：Upper Side Band）にも

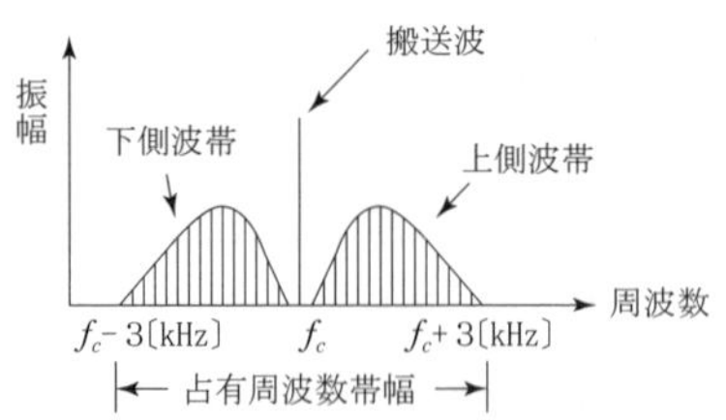

第5.9図　音声で振幅変調した場合の周波数スペクトル

下側波帯（LSB：Lower Side Band）にも含まれており、上下両方の側波帯を伝送するのが両側波帯（DSB）方式であり、電波法における電波の型式の表記はA３Eである。

⑵　SSB（Single Side Band）方式

USBもLSBも同じ内容の情報を含んでいるので、一方の側波帯を伝送すればよい。また、搬送波（キャリア）自身には情報が乗っていないので、搬送波も伝送する必要がない。搬送波の代わりに受信側での復調時に基準信号として搬送波相当の信号を注入すれば元の信号を復調できる。

このように、片側の側波帯のみを送ることで情報を相手に伝える方式は、SSBと呼ばれ、一部の船舶や航空機の遠距離通信で用いられている。なお、SSBによる無線電話は、**占有周波数帯幅がDSBの半分の３〔kHz〕で済み、周波数利用効率が良い。**電波法における電波の型式の表記はJ３Eである。

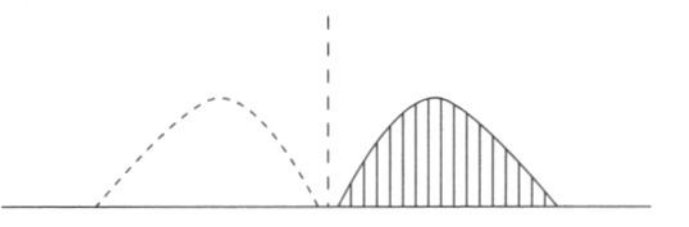

第5.10図　J3E波の周波数スペクトルの一例

5.3.3　周波数変調（FM：Frequency Modulation）

周波数変調（FM）は、第5.11図に示すように信号（この例では単一信号）で搬送波の周波数を偏移させる方式である。このため、同図が示すようにFM信号の**振幅は一定**となる。電波法における電波の型式の表記はF３Eである。

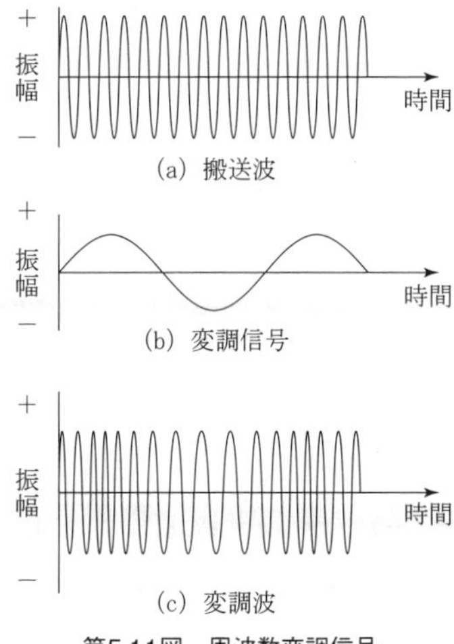

第5.11図　周波数変調信号

5.3.4　位相変調（PM：Phase Modulation）

位相変調（PM）は、音声信号などの変調信号で搬送波の位相を偏移させる方式である。PMは簡単な回路によってFMと同等な信号に変換でき、陸上移動体通信などで使用されている。

5.4　アナログ方式復調回路

5.4.1　概要

受信した信号（変調波）から目的とする信号を第5.12図に示すように取り出すのが復調であり、変調方式に合った復調回路が用いられる。

例えば、AM波には搬送波の振幅の変化を信号として取り出すAM用の

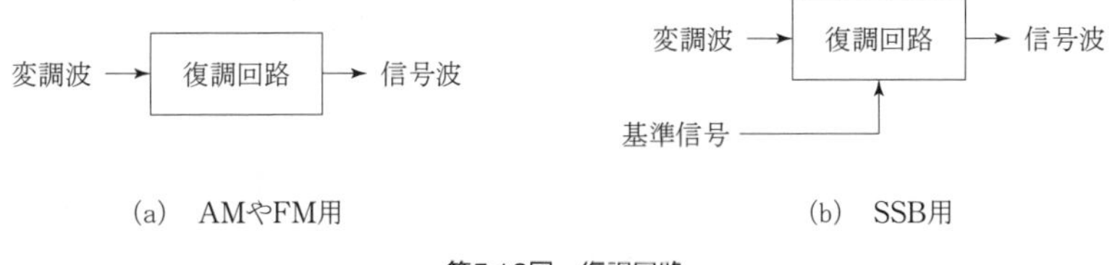

第5.12図　復調回路

復調回路が必要であり、FM波には周波数の変化（偏移）を振幅の変化に変えて信号として取り出すFM用の復調回路が用いられる。

更に、アナログ変調信号には、アナログ方式に適した復調回路が用いられ、デジタル変調信号にはデジタル復調回路が必要である。

5.5　デジタル方式変調及び復調回路

5.5.1　伝送信号

デジタル通信では、２進数の「０」と「１」の２値で表現される情報を電圧の有無または高低の電気信号に置き換えたベースバンド信号（Base band signal）として伝送する。ベースバンド信号には多種多様なものがあり、用途によって使い分けられる。基本的なものを第5.13図に示す。

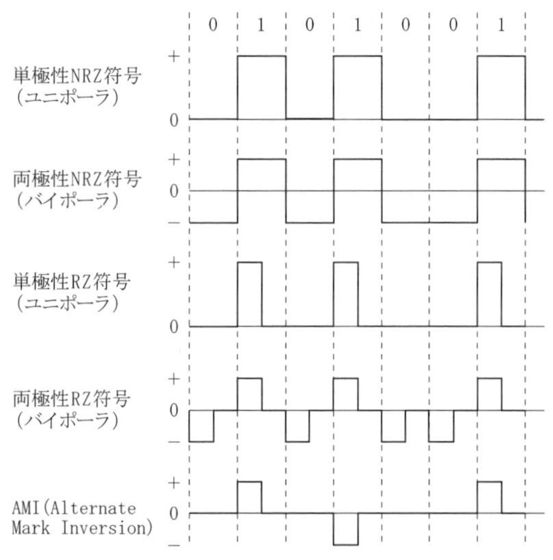

第5.13図　基本的なベースバンド信号

NRZ（Non Return to Zero）は、パルス幅がタイムスロット幅に等しい符号形式で、高調波成分の含有率が小さく、所要帯域幅の点で有利であるため、無線系で用いられることが多い。ただし、同じ符号が連続するとシンボルとシンボルの境目が区別できなくなり、同期のタイミング抽出が難しくなる。また、０電位とプラス電位の２値の単極性（Unipolar）パルスの場合には、直流成分が生じるのでベースバンド信号を伝送するような有線系で使用されることは少ない。

RZ（Return to Zero）は、パルス幅がタイムスロット幅より短く途中で０電位に戻る符号形式で、シンボル期間中にゼロに戻るため同期が取りやすい。しかし、パルス幅が狭くなるので所要帯域幅が広くなる。

電子回路や有線系伝送路では、ベースバンド信号による直流成分の発生は好ましくないので、０電位を基準にプラス電位とマイナス電位で２値の「０」と「１」を表す両極性（Bipolar）を使用することが多い。

AMI（Alternate Mark Inversion）は、「１」が出る度に極性を変えることで同期を取りやすくし、更に直流成分の発生を抑えたものであり、有線系で用いられることが多い。

5.5.2　デジタル変調

(1)　概要

デジタル変調は、２進数の「０」と「１」の２値で表現される第5.14図に示すようなベースバンド信号によって、搬送波の振幅または位相または周波数を変化させるものである。

搬送波への情報の乗せ方により特性が異なるので、用途に応じて適切な方式が用いられる。

(2)　種類

第5.14図は、２進数表現によるベースバンド信号「101101」によって１ビット単位でデジタル変調されたときの概念図であり、変調方式による違いを示している。

(a)　ASK（Amplitude Shift Keying：振幅シフト変調）

ASKは、ベースバンド信号の「０」と「１」に応じて第5.14図(a)に示すように搬送波の振幅を切り換える方式である。

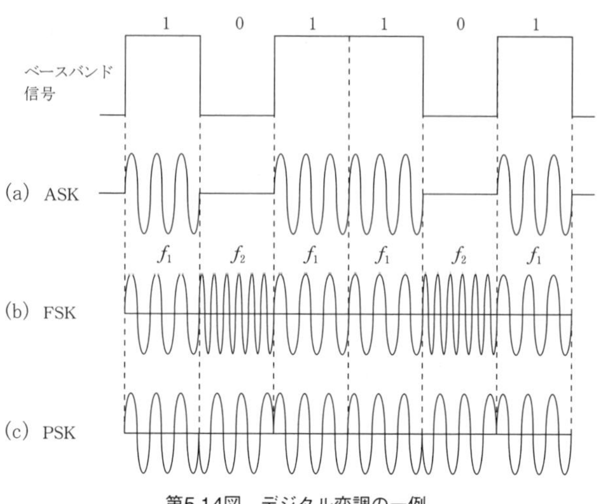

第5.14図　デジタル変調の一例

(b)　FSK（Frequency Shift Keying：周波数シフト変調）

ベースバンド信号の「0」と「1」に応じて搬送波の周波数を切り換える方式である。この例では「0」と「1」に応じて搬送波の周波数がf_2とf_1に切り換わっている。そして、FSKの特別な状態で変調指数が0.5の場合は、MSK（Minimum Shift Keying）と呼ばれ、変調過程で生じる不要な成分であるサイドローブのレベルが低く、航空用データ通信のACARS（Aircraft Communications Addressing and Reporting System）の変調方式として用いられている。実際のACARSは、周波数偏移が1200〔Hz〕、データの変調速度（伝送速度）が毎秒2400ビットで、変調指数0.5を満たしている。

FSK及びMSKは、占有周波数帯幅が広くなるが、電力効率の良いC級の電力増幅器を用いることができる。また、雑音に強い利点を持っている。

MSKのサイドローブレベルをガウスフィルタ（Gaussian filter）によって抑え隣接チャネル干渉などを軽減できるGMSK（Gaussian filtered Minimum Shift Keying）も実用に供されている。

(c)　PSK（Phase Shift Keying：位相シフト変調）

PSKは、ベースバンド信号の「０」と「１」に応じて搬送波の位相を切り換える方式である。同図(c)に示した例は、位相が180度異なる２種類の搬送波に置き換えられる BPSK（Binary Phase Shift Keying）と呼ばれる方式である。BPSKは１回の変調（シンボル）で１ビットの情報を伝送できる。

位相が90度異なる４種類の搬送波または信号を用いて情報を送るものは QPSK（Quadrature Phase Shift Keying）と呼ばれ、１回の変調で２ビットの情報を送ることができる。

(d)　QAM（Quadrature Amplitude Modulation：直交振幅変調）

第5.14図に示されていないが、QAMはベースバンド信号の「0」と「1」に応じて搬送波の振幅と位相を変化させる方式である。直交する２組の４値AM信号によって生成される16通りの偏移を持つ信号によって情報を伝送するものを16QAMと呼び１回の変調で４ビットの情報を伝送できる。このように多値化することにより占有周波数帯幅の広がりを抑えて高速伝送できる。

5.5.3　復調回路

デジタル変調波からベースバンド信号を取り出すために用いられるのが復調回路である。この復調には、第5.15図に示すように搬送波再生回路で生成

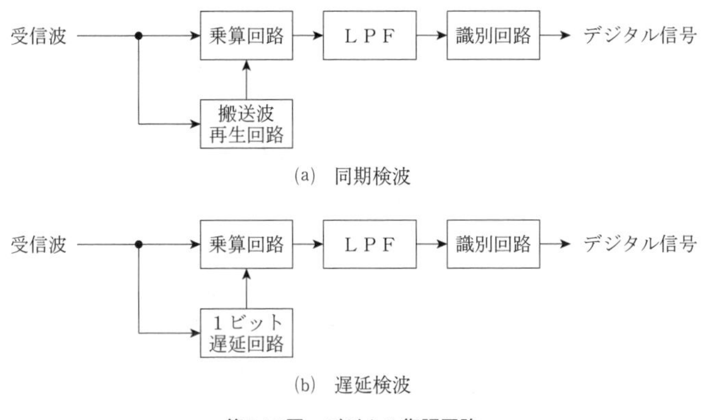

第5.15図　デジタル復調回路

した基準信号と受信信号を乗算する**同期検波方式**と、受信した信号を１ビット遅延させた信号を用いる**遅延検波方式**がある。なお、**遅延検波は、回路が簡単であるため移動体通信に用いられることが多い。**

5.5.4　変調方式とビット誤り率

デジタル化された情報を伝送しても、受信側で誤って符号判定されることがある。すなわち「０」を送ったのに「１」と判定される。逆に、「１」を送ったのに「０」と判定される誤りが発生する。一般的には受信機の熱雑音によってランダムに誤りが発生する。

なお、無線通信では、混信や雷などによって集中的に誤りが発生することがある。これをバースト誤りと呼んでいる。

デジタル伝送回線の品質を示すものとして、**ビット誤り率（BER：Bit Error Rate）**が用いられる。BERは、情報を送るために伝送した全てのビット数に対して受信側で誤って受信したビットの数として表される。例えば、1000ビットを送信した場合に受信側で１ビットの誤りが発生したとするとBERは1/1000となり、BER＝10^{-3}と表現される。

$$\mathrm{BER}=\frac{\text{誤った受信ビット数}}{\text{伝送した全ビット数}}$$

フェージングや干渉障害がない状態での復調器における搬送波電力対雑音電力比C/N値に対するBERの関係を第5.16図に示す。この図は多値化に伴って高いC/N値が必要であることを示している。

例えば、BER＝10^{-3}を得るための所要C/N値は、BPSKで７〔dB〕、QPSKでは10〔dB〕程度であるが、16QAMの場合には17〔dB〕程度、更に64QAMになると23〔dB〕程度と大きくなる。BERを維持するには送信電力の増強やアンテナの高利得化などが求められる。また、通信距離を短くすることでBERを満たすのも選択肢の一つである。

移動体通信では無線局の移動に伴って受信電力が時々刻々変わるので、通信状態の良いときに多値変調による高速伝送を行い、状態が悪いときには

BPSKやQPSKに変更する適応変調方式が一部の分野で用いられている。

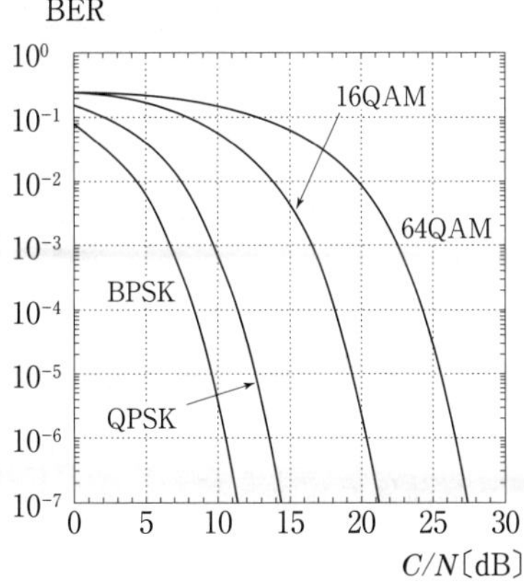

第5.16図　BER特性

第６章　無線通信装置

6.1　無線通信システムの基礎

6.1.1　概要

電波を利用して、音声や音響、影像、文字などの情報を離れた所に届けるのが無線通信であり、このために用いられるのが送受信機（トランシーバ）やアンテナなどから成る無線通信装置である。情報の送り方は、大きく分けるとアナログ方式とデジタル方式に分けられる。ここでは、無線通信システムを容易に理解するため、基礎的な事柄について簡単に述べる。

6.1.2　基本構成

一例として、基地局を中心とする陸上移動無線電話システムの構成概念図を第6.1図に示す。各無線局が使用する無線通信装置は、送受信機（トランシーバ）、電源（バッテリ）、マイク、スピーカ、アンテナ、給電線などから成る。

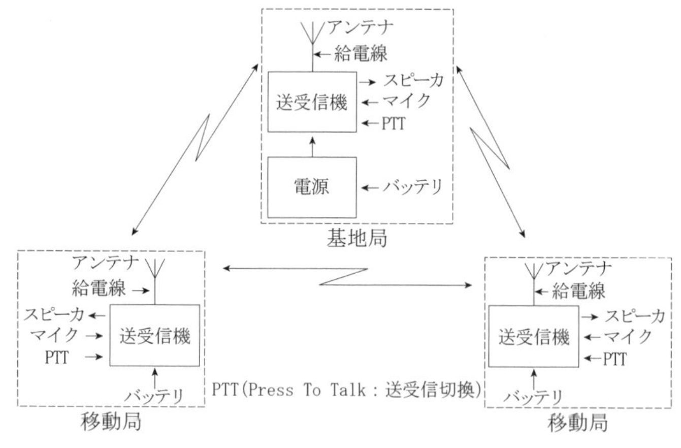

第6.1図　移動無線電話システムの構成概念図

メ モ

6.1.3　機能の概要

第6.1図に示す各機器の機能や役割は、概ね次のとおりである。

①　送受信機

システムの中心的な役割を担い、搬送波を音声信号などで変調し、更に増幅して強いエネルギーを作り出す送信機及び電波を受信し増幅と復調により音声信号などを取り出す受信機を一体にした装置。

②　電源

送受信機や周辺装置に必要な電力（主として直流）を供給する装置。

③　マイク

音声などを電気信号に変えるもの。

④　スピーカ

電気信号を音に変えるもの。

⑤　アンテナ

高周波電流を電波に変えて空間に放射し、また、空間の電波を捉えて高周波電流に変えるもの。

⑥　給電線

高周波エネルギーを伝送する特殊な線（同軸ケーブル）であり、送受信機とアンテナ間を結ぶもの。

⑦　PTT（Press To Talk）

送信と受信を切り換えるために用いるボタン（スイッチ）。

6.1.4　通信方式

航空無線通信では一つの周波数を用いて、A局が送信中はB局が受信し、逆にB局が送信中はA局が受信する**単信方式**（Simplex）が広く利用されている。なお、送信と受信の切換操作は、マイクや遠隔装置などに取り付けられているPTT（Press To Talk）ボタンまたはキー・スイッチ（Key Switch）によって行われる。

6.2　航空通信のための無線通信装置

6.2.1　概要

航空機の安全飛行と航空交通の効率的な流れを促進する上で航空交通管制（ATC：Air Traffic Control）は、重要な役割を担っている。ATCにおける無線通信手段は、近距離用としてVHF帯のAM無線電話、洋上航空路のような遠距離通信用としてHF帯のSSB無線電話と静止衛星を利用するデータ通信である。

一方、航空会社が運用する運航管理通信（通称、カンパニー無線）は、VHF帯のAM無線電話またはACARS（Aircraft Communications Addressing and Reporting System）やVDLモード２（VDL-2：VHF Data Link Mode 2）によるデータ通信及び静止衛星を利用する電話とデータ通信、HF電波によるデータ通信によって行われている。

VHF帯の電波を用いる通信は、主に直接波によって行われ、概ね可視距離（電波の見通し距離）内の通信となる。航空移動体VHF通信の電波の見通し距離は、航空機の飛行高度に関係し、高度10,000〔m〕を飛行する航空機では400〔km〕を少し超え、陸上移動体通信と大きく異なる。

航空移動体VHF通信には118 ～ 137〔MHz〕帯が割り当てられている。航空移動体通信は、送信と受信に同じ周波数を用いてPTT（Press To Talk）ボタンまたはキー・スイッチ（Key Switch）を押すと送信状態、離すと受信状態になる単信方式（Simplex）によって行われている。

6.2.2　VHF無線通信装置の基本構成

対空VHF通信は第6.2図に示すように地上に設置される無線局（航空局）と航空機に設置される無線局（航空機局）で構成される。

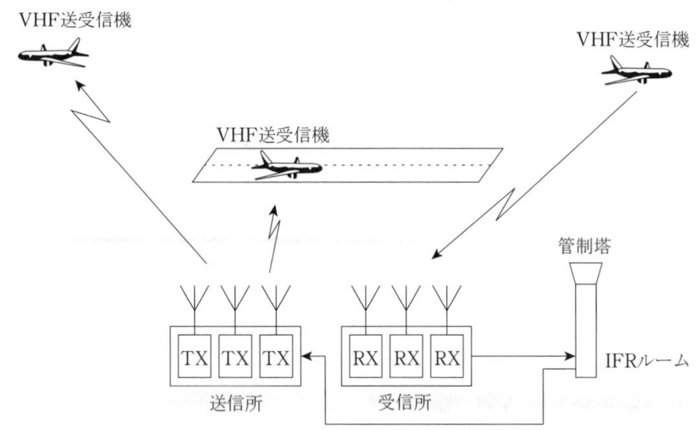

第6.2図　対空VHF通信の構成概念図

6.2.3　航空局用VHF AM無線電話装置

⑴　概要

航空局の設備は送信機、受信機、アンテナ、運用室に備えられる遠隔操作用のコントロールパネルとマイクやスピーカなどから成る。なお、小規模な場合は、送信機と受信機に代えて送受信機（トランシーバ）を設置することがある。

⑵　受信機

(a)　基本構成

航空局用VHF AM受信機の構成概念図を第6.3図に示す。

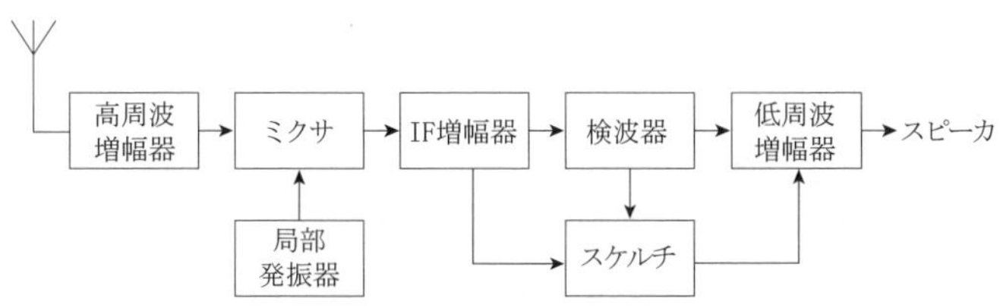

第6.3図　航空局用VHF AM受信機の構成概念図

この受信機を構成する主な回路の役割は次のとおりである。

①　高周波増幅器：微弱な受信信号を増幅する。

② ミクサ（周波数混合器）：局部発振器で生成された高周波信号を用いて受信信号の周波数を中間周波数（IF：Intermediate Frequency）に変換する。

③ 局部発振器：周波数安定度及び周波数精度が優れた高周波信号を生成し、ミクサに供給する。局部発振器として周波数シンセサイザが用いられることが多い。

④ IF増幅器：受信機が必要とする大部分の増幅を行い検波器に信号を出力する。

⑤ 検波器：IF増幅器の出力信号から音声信号などを検出する。

⑥ 低周波増幅器：スピーカやヘッドセットで聞けるように検波された音声信号などを増幅する。

⑦ スケルチ：受信信号の強さが設定値以下の場合に、スピーカから雑音が出るのを防ぐ。

(b) 動作の概要

アンテナで捉えられた信号は、同軸ケーブルで受信機に加えられ、帯域通過フィルタ（BPF）で非希望波信号などが取り除かれ高周波増幅器で増幅される。この増幅された信号は、局部発振器とミクサによって中間周波数（IF）に変換され、IF増幅器で適切に増幅された後に検波器に加えられる。

検波により復調されたパイロットなどの音声信号は、低周波増幅器で増幅されて地上回線で航空管制官が業務に携わるレーダー運用室や管制塔へ送られる。

(c) 周波数変換回路

第6.4図に示す周波数変換回路において、周波数f_{in}の入力信号と局部発振器で生成された周波数f_lの高周波信号をミクサに加えると、$f_{in}>f_l$のときには$f_{in}\pm f_l$、$f_{in}<f_l$のときには$f_l\pm f_{in}$なる周波数成分が出力に現れる。そして、どちらか一方の周波数をフィルタや同調回路で取り出すと、入力した信号の周波数が新たな周波数に変換されることになる。

例えば、入力信号の周波数が120〔MHz〕、局部発振信号の周波数が110

〔MHz〕であるとき、ミクサの出力として230〔MHz〕と10〔MHz〕の信号が得られる。ミクサの出力にフィルタを挿入し10〔MHz〕の信号だけを取り出せば入力信号の120〔MHz〕を10〔MHz〕に変換することができる。これをヘテロダインと呼び、無線通信機で用いられる重要な技術の一つである。

このように周波数を変換する機能を備えるのが周波数変換回路である。周波数変換回路を用いることで高い周波数の信号を低い周波数に変換して安定に増幅することができる。反対に、低い周波数で変調した信号を高い送信周波数に変換することもできる。なお、局部発振器として周波数安定度が優れている周波数シンセサイザが用いられることが多い。

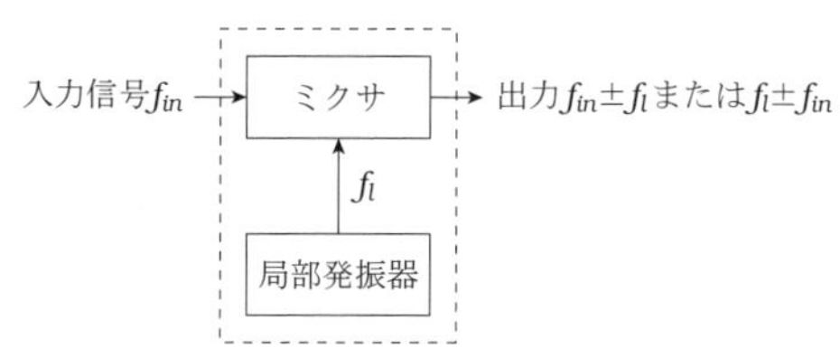

第6.4図　周波数変換回路

(d)　スケルチ（SQL：Squelch）

受信信号が無い場合や非常に弱い場合、受信機は最大利得で動作するので強烈な雑音を出力する。その結果、待ち受け受信を行う運用者（オペレータ）に負担を強いることになる。そこで、受信信号が無い場合や非常に弱い場合にスピーカやヘッドセットから強烈な雑音が出るのを防ぐため、受信機への入力信号が決められた値（例えば2〔μV〕）以下の場合には、スピーカやヘッドセットから雑音が出ないようにする役割を担うのがスケルチ（SQL：Squelch）である。

(e)　受信機に必要な条件

確実な通信を行うために、受信機は、次に示す条件を備える必要がある。

①　感度が良いこと。

感度とは、どの程度まで弱い電波を受信することができるか、その能力を表すものである。

② 選択度が良いこと。

選択度とは周波数の異なる数多くの電波の中から、受信しようとする周波数の電波だけを選び出し、不要電波をどの程度排除できるか、その能力を表すものである。

③ 安定度が良いこと。

安定度とは、一定の周波数及び一定の強さをもった電波を受信した場合、再調整を行わずにどれだけ長時間にわたって一定の出力が得られるか、その能力を表すものである。

④ 忠実度が良いこと。

忠実度とは、送信機から送られた信号から、受信機の出力側でどれだけ正しく元の信号を再現できるか、その能力を表すものである。

⑤ 内部雑音が小さいこと。

内部雑音とは、受信機自体で発生し、受信機の出力に現れる雑音である。この雑音は、できる限り小さいことが望ましい。

⑥ 副次的に放射する電波がないこと。

局部発振周波数の出力は、その高調波等が副次的に放射されて、他の受信機に妨害を与えることもあるので、このような不要電波の放射をできるだけ抑制する必要がある。

(3) 送信機

(a) 基本構成

航空局用VHF AM送信機の構成概念図を第6.5図に示す。

送信機を構成する主な回路と役割は次のとおりである。

① マイク：音声を電気信号（音声信号）に変換する。

② 低周波増幅器：音声信号を変調ができる電圧にまで増幅する。

③ 高周波信号発振器：搬送波となる送信周波数の信号を生成する。
一般に周波数シンセサイザが用いられる。

④ 変調器：音声信号で搬送波を振幅変調（AM）する。

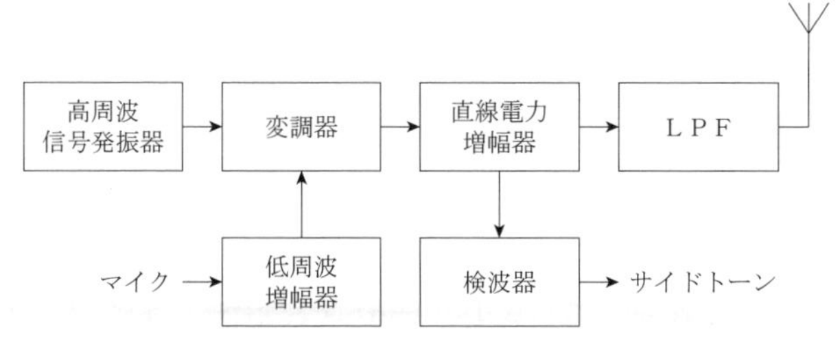

第6.5図　航空局用VHF AM送信機の構成概念図

⑤　直線電力増幅器：振幅変調（AM）された信号を所要電力まで低ひずみで増幅する。

⑥　LPF：目的の送信信号を通過させ、高調波などの不要成分を除去する。

⑦　検波器：送信信号の一部を検出して検波し、サイドトーンを生成する。

⑧　サイドトーン：送信中であること及び送信信号の良否を確認するために利用する。

(b)　動作の概要

航空管制官や運航管理者などの音声は、マイクで電気信号に変えられ低周波増幅器で増幅され変調器に加えられる。一方、周波数シンセサイザで生成された送信周波数の高周波信号（搬送波）も変調器に加えられる。

変調器において、高周波信号（搬送波）は音声信号によって振幅変調（AM）される。そして、振幅変調（AM）された信号は、電力増幅され、高調波などの不要成分を除去するLPFを通り、送信機の出力端子より同軸ケーブルでアンテナに給電され電波として放射される。

(c)　送信部（送信機）の条件

無線局から発射される電波は、電波法で定める電波の質に合致しなければならない。そして、送受信機の送信部（送信機）は、次に示す条件を備える必要がある。

①　送信される電波の周波数は正確かつ安定していること。

②　占有周波数帯幅が決められた許容値内であること。

③　スプリアス（高調波、低調波及び寄生発射をいう）は、その強度が許容値

内にあること。

④　送信機からアンテナ系に供給される電力は、安定かつ適切であること。

6.2.4　機上装置

(1)　基本構成

航空機搭載VHF通信システムは、第6.6図に示すようにVHF送受信機、コックピットに取り付けられ運用周波数の設定などに用いられる周波数設定パネル（RTP：Radio Tuning Panel）、機体の外部に取り付けられたアンテナ、マイクやスピーカなどから成る。航空機搭載VHF通信装置の一例として、写真6.1(a)にVHF送受信機、同写真(b)に周波数設定パネルを示す。

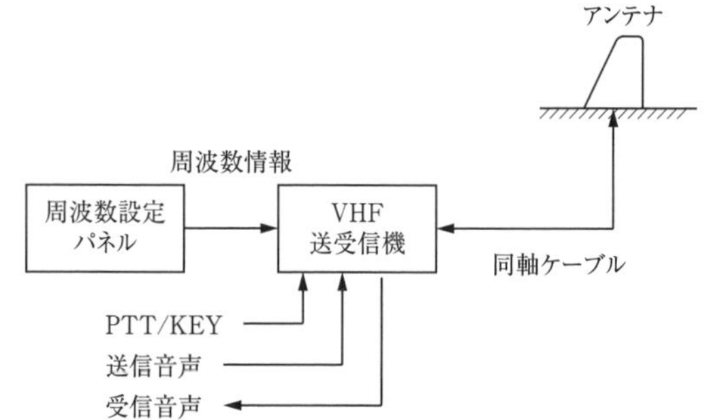

第6.6図　航空機搭載VHF通信システムの構成概念図

(a)　VHF送受信機

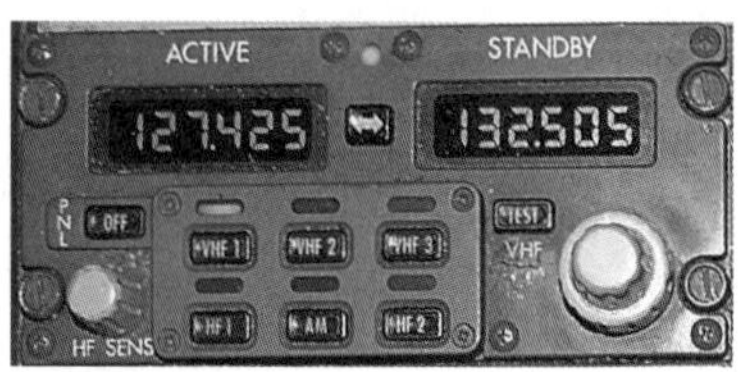

(b)　周波数設定パネル

写真6.1　航空機搭載VHF通信装置の一例

使用できる周波数は、118.000 ～ 136.975〔MHz〕帯の25〔kHz〕間隔（欧州では25〔kHz〕ステップを３等分した8.33〔kHz〕ステップに移行中）である。

航空機には独立した２または３組のVHF通信装置が搭載されており、現に通信を行っている場合を除き、１組は国際遭難緊急周波数の121.5〔MHz〕にセットされることが多い。

(2)　VHF送受信機

(a)　基本構成

航空機用VHF送受信機は、受信機と送信機を一つの筐体に組み込んだもので、一部の機能や回路を共通使用することにより簡素化を図ったものである。第6.7図に航空機用VHF送受信機の構成概念図の一例を示す。

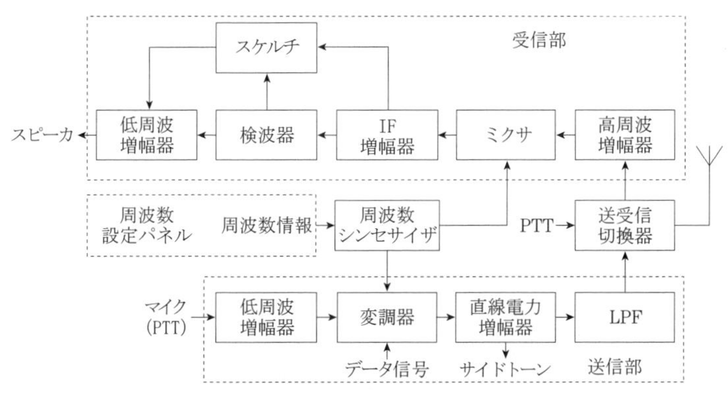

第6.7図　航空機用VHF AM送受信機の構成概念図の一例

(b)　動作の概要

パイロットやオペレータなどの声は、マイクによって電気信号に変えられ、低周波増幅器で増幅されて変調器に加えられる。一方、搬送波となる送信周波数の高周波信号は、周波数シンセサイザで生成され変調器に加えられる。そして、変調器において、搬送波が音声信号によって振幅変調（AM）される。

この振幅変調（AM）された信号は、低ひずみの電力増幅器で増幅され、高調波などの不要成分を除去するLPFを通り、送受信切換器を介して出力端子より同軸ケーブルでアンテナに給電され電波として放射される。

一方、アンテナで捉えられた信号は、同軸ケーブルで送受信切換器を介して受信機に加えられ高周波増幅器で増幅される。この信号はミクサに加えられシンセサイザで生成された局部発振信号によって中間周波数（IF）に変換される。そして、IF増幅器で適切に増幅されて検波器で復調される。復調された音声信号は、低周波増幅器で増幅され音量調節器を経てヘッドセットやスピーカで音に変えられる。

なお、受信信号が無い場合や非常に微弱な信号の場合にスピーカやヘッドセットから雑音が出ないようにするスケルチ（SQL：Squelch）が備えられている。また、送信部にはオペレータが自分の声をヘッドセットなどでモニタするためのサイドトーン回路が備えられている。

(c)　サイドトーン（Side Tone）

VHF送受信機の動作確認手段の一つとして、送信機の出力をダイオードで直線検波した信号を低周波増幅器で増幅し、サイドトーンとしてヘッドセットでモニタすることが一般に行われている。

6.2.5　取扱方法

基本的に無線局は電波法に従って運用されなければならない。無線局の運用に携わる者は、適切に維持管理され技術基準に適合する無線通信装置を正しく使用する必要がある。特に誤った操作により他の通信に妨害を与えてはならない。

無線通信装置の取扱は、その装置を製造した会社や無線局で制定した取扱説明書（マニュアル）に従って行われる。

ここで、第6.8図に示すVHF AM送受信装置の一般的な運用手順を次に示す。

(1)　最初に、送受信機、周辺機器、電源、マイクなどが正しく接続され、調整つまみなどが通常の状態や位置になっていることを確認する。

(2)　電源スイッチをONにして周波数表示ランプが点灯することを確認

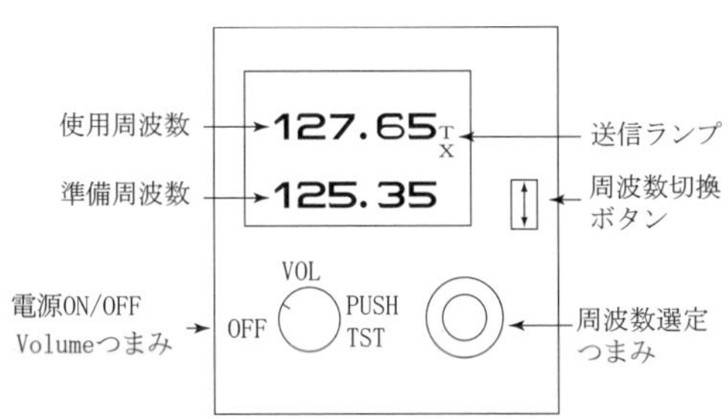

第6.8図　コントロールパネルの一例

する。

(3)　次に、PUSH TESTノブを押してスピーカやヘッドセットより「ザー」という雑音が出るのを確認し、ノブを戻す。

(4)　そして、周波数をセットし、音量つまみ（VOL）を調整して適切な音量にセットする。なお、この例の場合は、次の通信に使用する周波数を前もって準備周波数としてセットできる。

(5)　送信する場合は、その周波数（チャネル）を聴取し、他の通信に混信を与えないことを確認した後に、PTT（Press To Talk）スイッチを押して送信状態にし、送信ランプの点灯を確かめ送話する。この際、マイクと口との間隔や声の大きさに注意する。

(6)　送話中はサイドトーンにより送信状態をモニタする。

(7)　送話が終了すれば、直ちにPTTスイッチを離し送信を終え受信状態にする。

(8)　相手の信号を受信する。必要に応じて音量つまみ（VOL）を調整し、聞きやすい音量にする。

6.3　FM無線電話装置

6.3.1　概要

FM無線電話は、FM方式の利点を生かして陸上移動体通信で広く使われており、空港内の業務連絡などに利用されている。しかし、航空管制通信では利用されていない。

6.3.2　FMの特徴

一般に、FM方式にはAM方式と比較して次のような特徴がある。

① 振幅性の雑音に強い。

② 音質が良い。

③ 占有周波数帯幅が広い。

④ C級増幅回路のような効率の良い電力増幅器を使用することができる。

⑤ 受信電波の強さが、ある程度変わっても受信機の出力は変わらない。

6.3.3　送受信装置

(1)　基本構成

アナログ方式によるFM無線電話送受信装置は、第6.9図に示す構成概念図のように受信部、送信部、周波数シンセサイザ、送受信切換器、アンテナ、マイク、スピーカなどから成る。

(2)　動作の概要

FM無線電話送受信装置の動作について簡単に述べる。オペレータの声は、マイクによって電気信号（音声信号）に変えられ低周波増幅器で増幅される。この増幅された信号は、声が大きくなっても周波数偏移が一定値以上に広がるのを防ぐIDC（Instantaneous Deviation Control：瞬時偏移制御）回路で信号処理され、周波数変調回路に加えられる。そして、中間周波数（IF）のFM信号が生成される。

このIF信号はミクサと周波数シンセサイザで作られた局部発振信号によっ

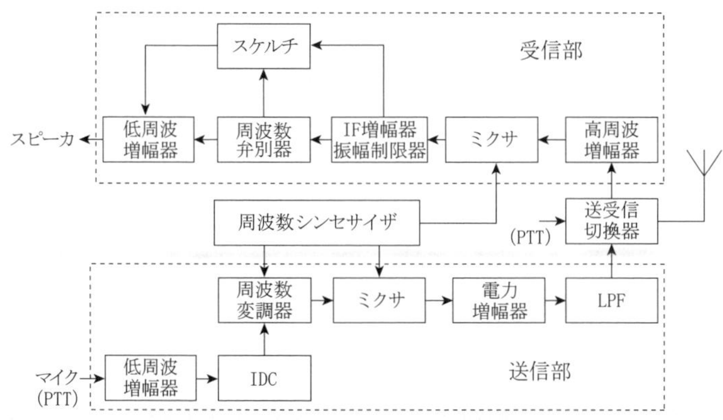

第6.9図　FM無線電話送受信装置の構成概念図

て目的の送信周波数に変換され、C級電力増幅器で増幅される。この電力増幅器で規格の電力値を満たした信号は、LPFで高調波などの不要成分が取り除かれ、送受信切換器を介してアンテナから電波として放射される。

一方、アンテナで捉えられた受信信号は、送受信切換器を介して受信部に加えられ、高周波増幅器で増幅される。この信号は、周波数シンセサイザで生成された局部発振信号とミクサでIFに変換されIF増幅器で適切に増幅された後に、雑音の原因となる振幅成分が振幅制限器で取り除かれ、周波数弁別器に加えられる。復調された音声信号は、低周波増幅器で増幅されてスピーカより音として出される。

受信信号が無い場合や非常に弱い場合に強烈な雑音がスピーカやヘッドホーンから出るので、待ち受け受信を行うオペレータは負担を強いられる。この不都合を解決する方法の一つとして、受信信号が無い場合や非常に弱い場合には、スピーカやヘッドホーンから雑音が出ないようにするスケルチ回路が備えられている。

第7章　無線航法装置

7.1　概要

航空機は地上の無線施設や人工衛星から発射される電波を利用して位置、距離、方位、進入コースなどの情報を得て飛行している。VHF帯の電波を用いて磁方位情報を与えるVOR（VHF Omni-directional Radio Range）、UHF帯の電波を用いて距離情報を提供する距離測定装置（DME：Distance Measuring Equipment）、VHF帯とUHF帯の電波を利用し航空機に着陸進入コース情報を提供する計器着陸装置（ILS：Instrument Landing System）、GPS（Global Positioning System：全世界測位システム）に代表される衛星航法システム、軍用に開発されたUHF帯の電波を用いて距離と方位情報を提供するタカン（TACAN：Tactical Air Navigation）、タカンにVOR局を併設したVORTAC（ボルタック）、長・中波帯の電波を用いる無指向性無線標識局（NDB：Non Directional Radio Beacon）と電波の到来方向を探知する自動方向探知装置（ADF：Automatic Direction Finder）など多くの無線航法システムが利用されている。

航空機が飛行する航空路は、陸上交通における道路に相当するものであり、VOR/DME局を結んで形成されることが多い。このため、計器飛行方式（IFR：Instrument Flight Rules）で飛行する航空機は、VOR/DME装置を備えることが求められる。

この章では、安全飛行を支える代表的な航空用無線航法装置及び衛星無線航法装置について述べる。

7.2　NDB（Non Directional Radio Beacon）

NDBは、飛行場付近や航空路に設置される長・中波帯の電波を第7.1図に

メ モ

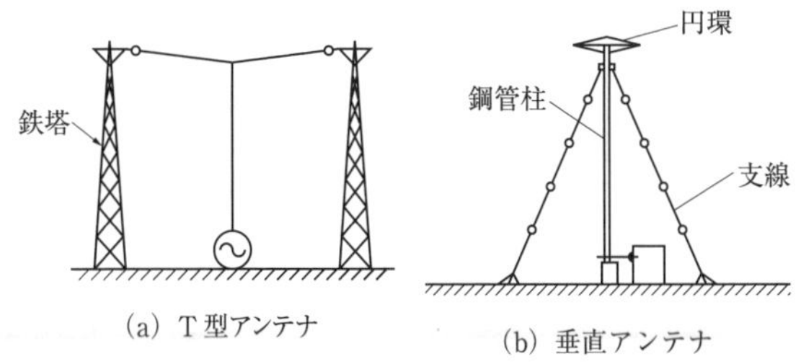

(a) T型アンテナ　(b) 垂直アンテナ

第7.1図　NDB用アンテナ

示すようなアンテナより全方向に発射する中長距離用の無線航行援助施設の一つである。航空機はADF受信機でNDBの電波を受信し、写真7.1に示すような指示器にその電波の到来方向を表示させ、その方向に飛行することで当該NDB局の上空や空港に到達できる。

写真7.1　ADF指示器の一例

NDB/ADFによる航法は、設備が比較的簡単で経済的であるが、長・中波帯の電波を利用しているので空電や雑音及び電離層の影響を受け易く、VHF帯の電波を用いるVORと比較して信頼性が低い。

また、わが国では航空路がVOR/DME局を結んで形成されることが多いので、NDB/ADF航法の利用は限定的である。

7.3　VOR（VHF Omni-directional Radio Range）

7.3.1　概要

VORはVHF帯の電波を用いて航空機に対して磁方位を提供する短距離用の航法無線システムで、長・中波を用いるNDB-ADFより精度と信頼性が高いので多くの航空機で利用されている。VORは地上に設置されるVOR局と航空機に搭載されるVOR装置から成る。有効通達距離は航空機の飛行高度に依存するが、VHF帯の電波を使用しているため、電波の見通し距離内に限られる。

VORにDME（航空機が距離を測定するための装置）を併設したVOR/DMEが多く設置されており、第7.2図に示す距離ρと方位θによって測位する$\rho-\theta$航法として利用されている。

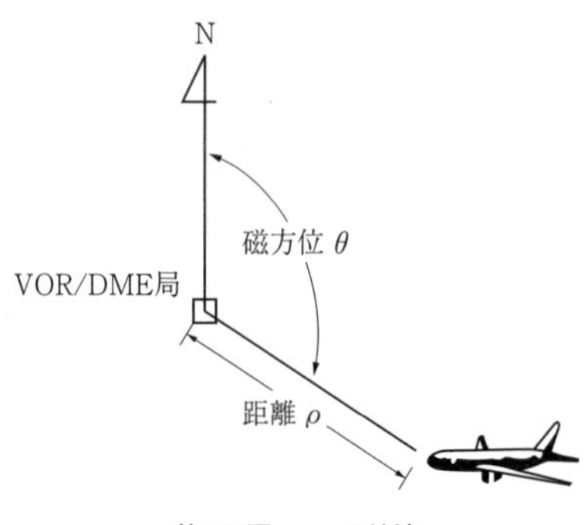

第7.2図　$\rho-\theta$航法

7.3.2　VORの原理

第7.3図に示すように地上に設置されるVOR局は、方位によって位相が変化しない**基準位相信号**と方位によって位相が変化する**可変位相信号**を発射

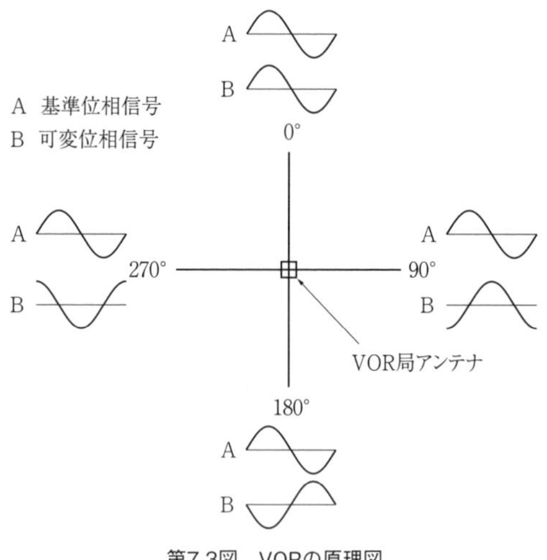

第7.3図　VORの原理図

する。発射される基準位相信号と可変位相信号の位相差は、磁北で０度に設定され全方位で360度であり方位により異なる。したがって、VOR局の信号を受信した航空機は、復調した基準位相信号と可変位相信号の位相を比較し、位相の違いを方位信号に変えることにより方位情報を得ることができる。実際のVORは、30〔Hz〕で振幅変調（AM）された信号と周波数変調（FM）された信号の位相差を利用している。

7.3.3　ドプラVOR

日本に設置されているのはドプラ効果を利用するドプラVOR（D-VOR）と呼ばれるもので、基準位相信号をAM波、可変位相信号をFM波としているものである。可変位相信号をFM波とすることにより、周辺の地形や建物などによる反射波の影響を受け難くなるので高い方位精度が得られる。このFMによる可変位相信号の30〔Hz〕は、ドプラ効果を利用して生成される。これがドプラVORと呼ばれる所以である。

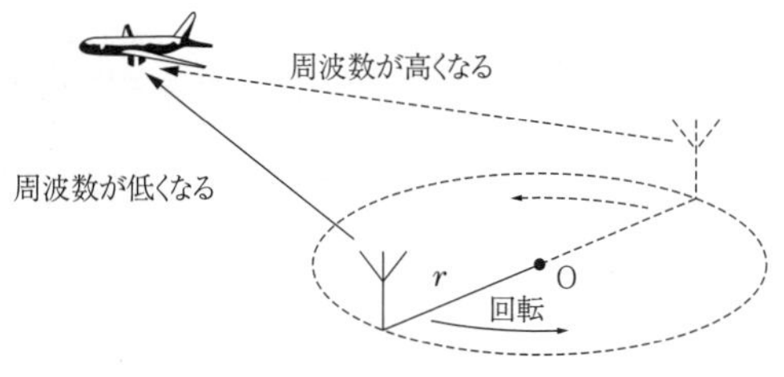

第7.4図　D-VORの原理図

D-VORの原理図を第7.4図に示す。D-VORは、半径rの円周上を等速で回転するアンテナから発射した電波が十分離れた場所ではドプラ効果により周波数変調（FM）されて受信される原理を利用している。しかし、現実の問題として、長さ約6.7〔m〕の部材の先にアンテナを置き、第7.4図のように円周を描くように等速回転させるのは実現性に欠ける。具体的には、写真7.2に示すように半径が約6.7〔m〕の円周上に48または50基のアンテナを等間隔でカウンターポイズ上に配置し、物理的にアンテナを回転させる代わりに48または50基のアンテナを順次切り換えて電波を発射することでFMされた信号を生成している。

一方、基準位相信号である30〔Hz〕でAMされた電波は、円の中心に設置したキャリアアンテナより水平偏波で全方位に均等に発射される。

機上装置のVOR受信機は、AM検波で復調した30〔Hz〕とFM検波で復調した30〔Hz〕の位相を比較し、位相差に応じた信号を生成して写真7.3（この例はDME指示器との共用）に示すような磁気コンパスシステムと組み合わせたRMI（Radio Magnetic Indicator）に磁方位を表示させる。

写真7.2　D-VORアンテナ

写真7.3　VOR/DME複合型指示器の一例

7.4　DME（Distance Measuring Equipment）

7.4.1　概要

DMEは電波の定速性とUHF帯電波の直進性を利用して航空機と地上の定点を往復する電波の所要時間を計測し、距離に換算してコックピットの指示器に距離を表示する装置である。得られる距離は、第7.5図に示すように航空機と地上の定点に設置されるDME局との斜めの距離であり、地図上の直線距離ではない。

VORによって提供される方位情報だけでは航空機の位置を特定できないのでVOR局にDME地上局を併設し、VOR/DME（ボルデメ）として運用されることが多い。また、計器着陸装置（ILS：Instrument Landing System）の地上装置にDME地上局を併設し、着陸点までの距離情報を提供する場合もある。

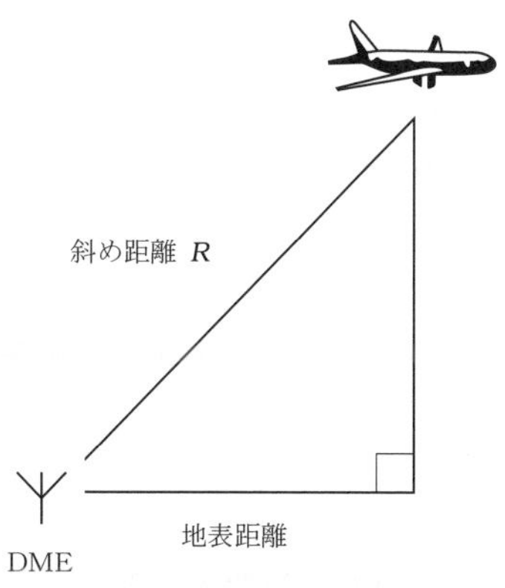

第7.5図　DMEで測定される距離

DMEはUHF帯の電波を利用しており、空電や天候などの影響が少ないシステムである。有効通達距離は電波の見通し距離に限られる。

7.4.2　基本構成

DMEは第7.6図に示すようにUHF帯の電波を用いて質問信号を発射する航空機搭載DMEインタロゲータ（Interrogator）と航空機に応答信号を送り返す地上の定点に設置されるDMEトランスポンダ（Transponder）から成る。

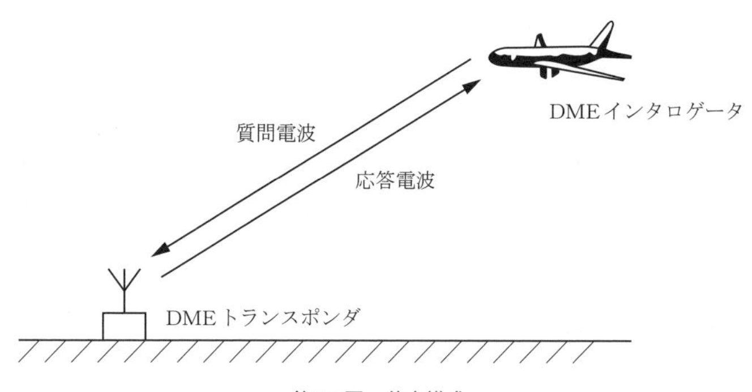

第7.6図　基本構成

7.4.3　DMEの原理

航空機は地上のDME局に対して質問パルスを発射する。この質問パルスは航空機と地上DME局間の距離に相当する時間を経て地上DME局で受信される。地上DME局は、受信した質問パルス信号を50〔μs〕遅延させ、質問信号に同期させた応答パルスを受信周波数と63〔MHz〕異なる周波数で発射する。この応答パルス信号を受信した航空機は、質問パルス発射から応答パルス受信までの時間Tを計測し、時間を距離情報に変換し当該DME局までの距離をDME指示器に表示する。

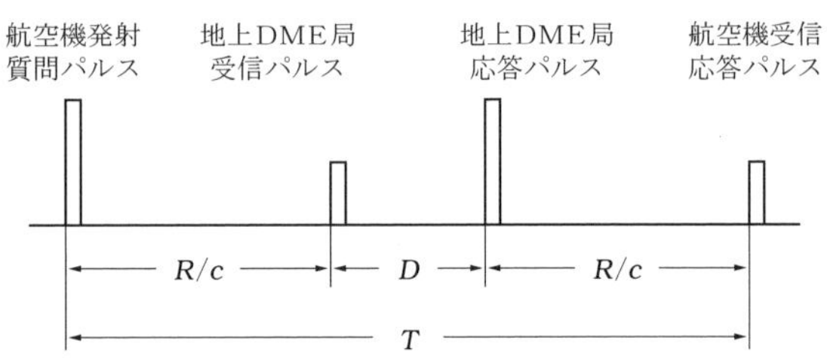

第7.7図　DMEの時間概念図

第7.7図はDMEにおける質問電波発射から応答信号受信までの時間概念である。航空機搭載DMEが計測した時間Tは、往復の時間であり、地上局での遅延D=50〔μs〕を含んでいる。したがって、航空機とDME局間の斜め距離R〔m〕は、電波の速度をcとすると次の式で求められる。

$$\text{距離}R=\frac{c(T-D)}{2}\ \text{〔m〕}$$

なお、航空機では距離の単位として海里（1〔NM〕=1852〔m〕）を使用しているので $c=3\times10^{8}$〔m〕とすると距離R_{NM}〔NM〕は次の式で求められる。

$$\text{距離}R_{NM}=\frac{T-50}{12.37}\ \text{〔NM〕}$$

航空機では得られた距離情報を写真7.3に示すような複合指示器などに表示している。なお、VORまたはILSの周波数を設定すると対になっているDME局の周波数が自動的に選ばれるのでDME専用のコントローラ（周波数設定パネル）は装備されていない。

7.5 ILS (Instrument Landing System)

7.5.1 概要

多くの空港には航空機が安全かつ確実に着陸できるように基準となる着陸進入コースを電波によって提供するILSが設置されている。航空機はILSの信号を受信し、計器や航法装置を用いて安全かつ確実に着陸する。ILSは低視程の気象条件下で航空機が安全に着陸するために必要不可欠な装置である。ILSの利用に際しては、地上装置のカテゴリーと航空機搭載装置の性能及びパイロットの操縦資格が全て満足される必要がある。

7.5.2 基本構成

ILSは第7.8図に示すようにVHF帯の電波で水平方向の基準となる着陸進入コースを提供するローカライザ（LLZ：Localizer)、UHF帯の電波で垂直方向の降下コースを提供するグライドパス（GP：Glide Path)、75〔MHz〕の

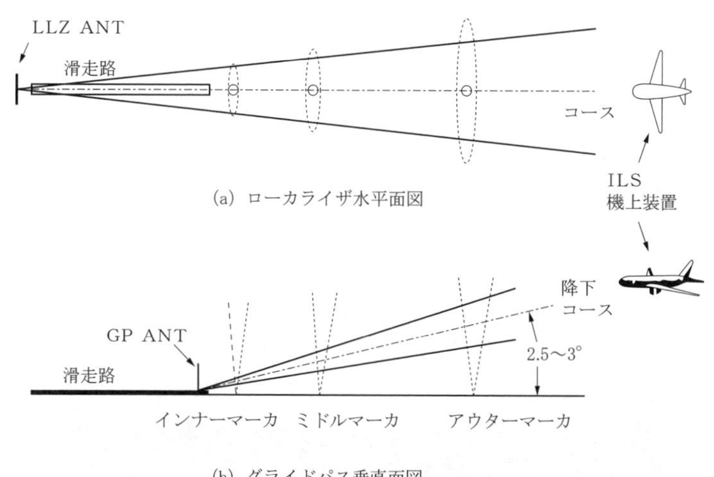

第7.8図　ILSの構成概念図

電波で通過地点を知らせるマーカビーコン（Marker Beacon）及びILS機上装置などから成る。

7.5.3　ローカライザ（LLZ：Localizer）

ローカライザは、第7.9図に示すように90〔Hz〕と150〔Hz〕の信号で変調したVHF帯の電波をLLZアンテナより着陸進入コースに向けて放射し、基準となる水平方向の着陸コース及び基準コースからの偏差情報（ずれの程度）を提供するものである。コース中央上では90〔Hz〕と150〔Hz〕の変調度が等しく、コース中央からの偏位に応じて変調度が異なる。航空機は、この変調度の違いを利用してコース中央からの偏位を知り着陸する。

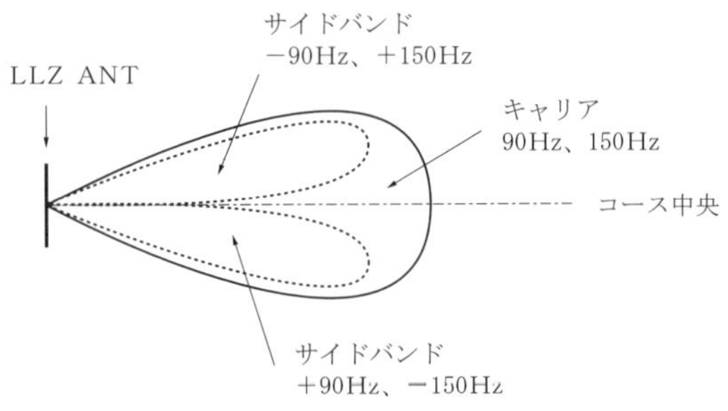

第7.9図　LLZの放射パターン

写真7.4は24基のアンテナを横一列に配置したLLZアンテナの一例である。

写真7.4　LLZアンテナ

7.5.4　グライドパス（GP：Glide Path）

グライドパスは、グライドスロープ（GS：Glide Slope）とも呼ばれ、329～335〔MHz〕帯に割り当てられた周波数の電波を用いて90〔Hz〕と150〔Hz〕の信号で変調した指向性電波を第7.10図に示す原理的概念図のように着陸進入コースに向けて発射し、90〔Hz〕と150〔Hz〕信号の変調度の違いを利用して基準となる着陸降下コース及び基準コースからの偏差情報（ずれの程度）を提供するものである。実用的には大地の影響を抑えるため写真7.5に示すようにアンテナを一基追加して８〔kHz〕異なる周波数の電波を発射する

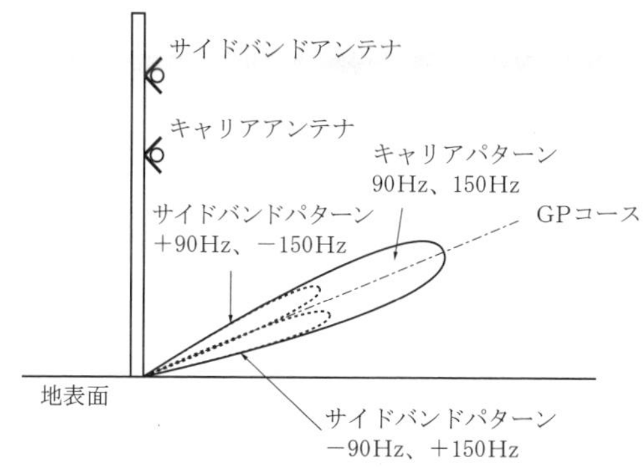

第7.10図　GPの放射パターン（原理的概念図）

写真7.5　２周波方式GP用アンテナ

ことで適切な放射パターンとしている。これを２周波方式GPと呼び日本国内のすべてのGPに適用されている。空港の立地条件により異なるが一般的な着陸進入降下角度は2.5～３度である。実用されている２周波方式GP用アンテナの一例を写真7.5に示す。

7.5.5　マーカビーコン（Marker Beacon）

マーカは、特定の位置に置いて滑走路端からの距離を航空機に示す75〔MHz〕の電波を用いたファンマーカビーコンで、次の三つのマーカからなっており、航空機は、マーカビーコン受信装置で特定地点の通過を知ることができる。

アウタマーカ（outer marker）

ミドルマーカ（middle marker）

インナマーカ（inner marker）

ILS地上装置の滑走路に対する配置は第7.11図に示すとおりである。

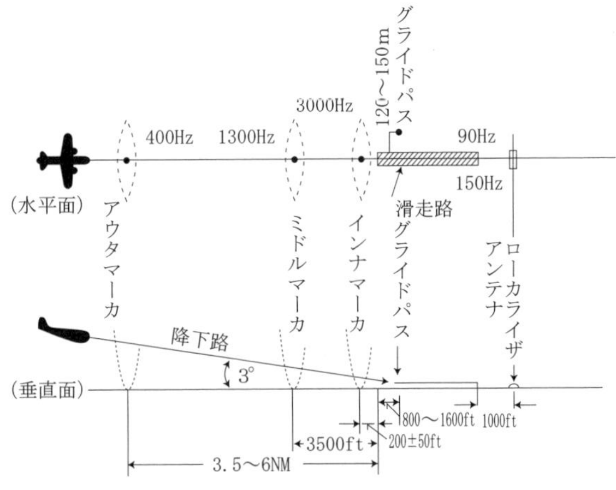

第7.11図　ILSの構成図

7.5.6　ILS機上装置

(1)　基本構成

航空機搭載ILS装置は、第7.12図に示すようにILS受信機（LLZとGP受信機)、マーカ受信機、偏位計（CDI：Course Deviation Indicator)、マーカランプ、低周波増幅器とスピーカから成る。

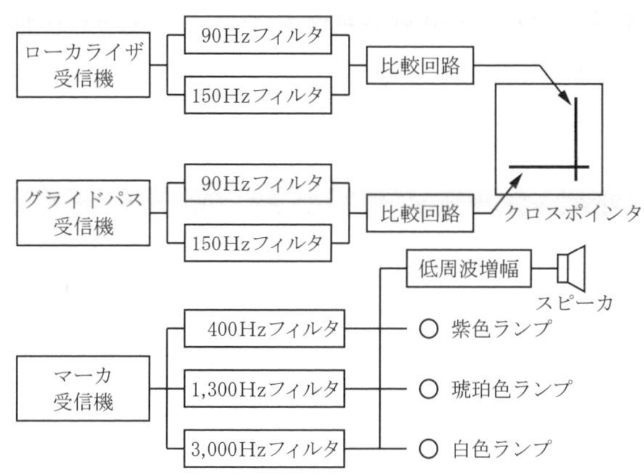

第7.12図　ILS機上装置構成概念図

(2)　動作の概要

第7.12図に示すようにLLZ及びGP受信機の検波出力に含まれる90〔Hz〕と150〔Hz〕成分は、BPF (Band Pass Filter）で分離される。そして、90〔Hz〕と150〔Hz〕の変調度差に応じた信号によって写真7.6に示すようなHSI（Horizontal Situation Indicator）のCDIを駆動させる。基準コース上を飛行していると指針は中央を指示する。

写真7.6　CDIの一例

マーカ受信機は通過点に応じ相応の可聴音を出力すると同時に相応の色の

ランプを点灯させる。

7.6　GPS（Global Positioning System）

7.6.1　概要

GPSは人工衛星から発射される電波を利用して位置を求める全世界的規模の測位システムで、第7.13図に示すようにGPS衛星を6つの周回軌道にそれぞれ4個配置した合計24個の衛星で構成される。各衛星は地上から約20,000〔km〕の高度を概ね円軌道で、約12時間周期（0.5恒星日）で周回する。

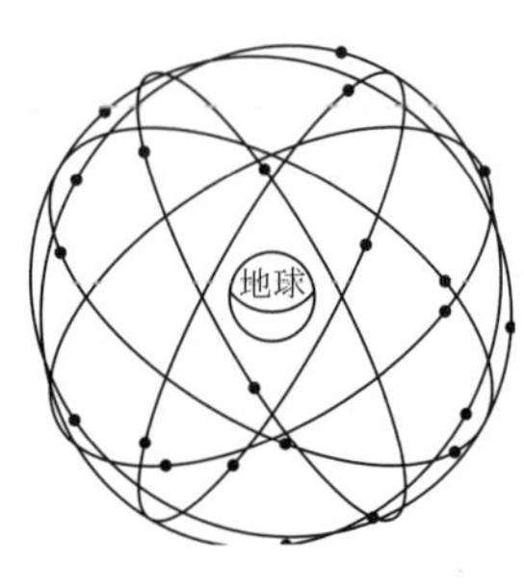

第7.13図　GPS衛星の配置概念図

GPS航法装置を備えた航空機は、測位した位置情報を位置補正信号として飛行管理システム（FMS：Flight Management System）や対地接近警報装置（GPWS：Ground Proximity Warning System）へ供給し、飛行位置の精度を向上させている。

これまでGPS航法は、エンルート飛行などの広域航法（RNAV：Area Navigation）に用いられてきたが、近年ではRNAVに加えて、RNP（Required Navigation Performance）進入方式と呼ばれる空港への最終進入方式にも利用されている。

7.6.2　GPS測位の原理

GPSによる測位は、電波の一般的な性質である定速性と直進性を利用して、GPS衛星から発射された電波が測位者の受信機に到達するまでの時間を計測し、GPS衛星と測位者間の距離を求めるものである。電波の伝搬距離Dは、電波の速度をc、２点間の伝搬時間をTとすると$D = c \times T$で求まる。

GPSによる測位では時間測定の正確さが求められるので、各GPS衛星は極めて正確で安定な原子時計を搭載している。一方、測定した距離は、測位者の時計に誤差があるため、擬似距離（PR：Pseudo Range）と呼ばれている。したがって、GPS受信機の時計誤差が未知数として加わることになり、第7.14図のように２次元測位では３個、飛行高度情報を含む３次元測位の場合には４個のGPS衛星からの距離を測定し、それらの交点から位置を求める必要がある。

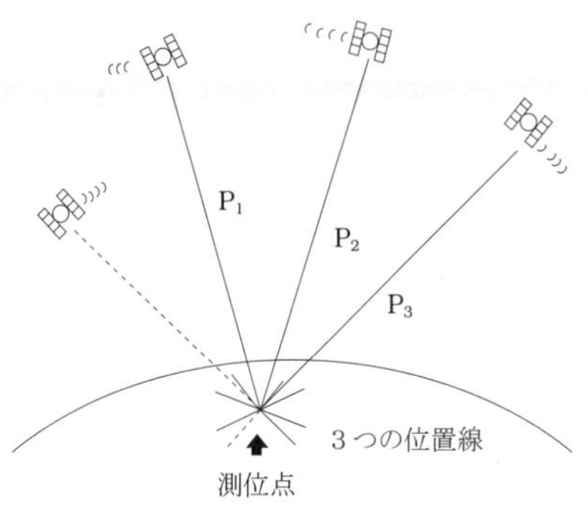

第7.14図　GPSの測位原理図

7.7　電波高度計

航空機の高度計には、海水面からの高度を周辺の気圧値より求める気圧高度計と電波を発射し地表面で反射した電波を受信して、発射から受信されるまでの時間を測定することで飛行高度を求める電波高度計の２種類がある。

電波高度計は、航空機に搭載される垂直方向の１次レーダーと考えることができる。第7.15図に示すように航空機より真下に向けて発射した4.3〔GHz〕帯の電波が地表や海面で反射され、再び機体に戻ってくるまでの時間を計測し、地表面からの飛行高度に換算する装置である。したがって、電波高度計が示す高度は、航空機と地表面との絶対高度である。

周波数変調した連続波（FM-CW）を用いる低高度電波高度計（LRRA：Low

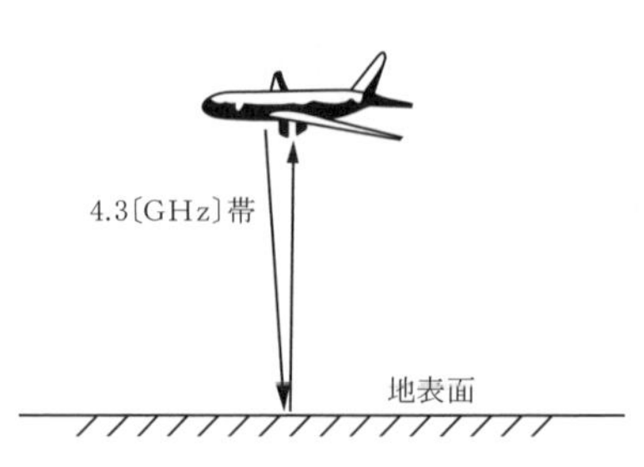

第7.15図　電波高度計の原理図

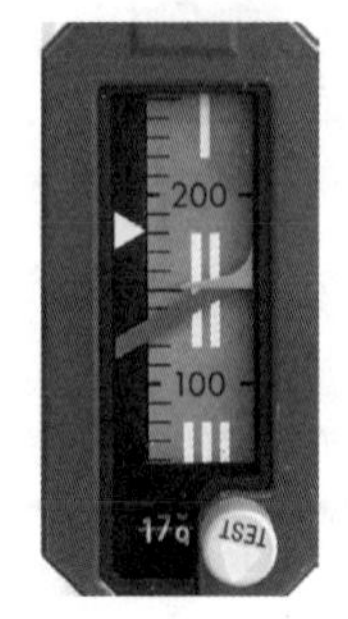

写真7.7　電波高度計の指示器

Range Radio Altimeter）は、低高度飛行や着陸を行う場合に用いられ、航空機の車輪が滑走路に接地した瞬間にゼロを表示するように調整されている。一般に、LRRAは2500フィート（feet）以下の低高度で使用され、最終着陸進入時に着陸か進入復行かを決める決心高度（DH：Decision Height）を示す重要な計器である。

電波高度計の誤差の要因として最も大きいものは、地表面が均一でないために起こる散乱反射である。電波高度計の指示器を写真7.7に示す。

7.8　航空機衝突防止装置
（ACAS：Airborne Collision Avoidance System）

7.8.1　概要

航空機衝突防止装置（ACAS）は、レーダー監視やパイロットの目視に依存していた衝突回避を機上装置のみで可能にしたもので、衝突の危険性がある航空機の異常接近を検知して、パイロットに当該航空機の位置や高度情報を提供し、危険の状況により回避指示及び警報を出す装置である。また、モードSトランスポンダを装備している脅威機に対しては、相互に回避方向（垂直方向）を調整できる機能を備えている。なお、アメリカや日本ではTCAS（Traffic Alert Collision Avoidance System：ティーキャス）と呼ばれることが多い。民間航空会社の大型ジェット機は、脅威機の位置情報及び上昇下降状況をパイロットに提供し、更に、パイロットに対して垂直方向の回避指示を擬似音声と表示により行うACASⅡを装備している。

7.8.2　ACAS表示の一例

ND（Navigation Display：飛行ルートなど航法に関する情報を表示する電子式複合計器）に表示された場合の概念図を第7.16図に示す。●↑印は、アンバー色で表示される異常接近中の航空機であり、脅威機が自機の前方左側30度（磁方位60度）、約2.5〔NM〕の位置で800〔ft〕下より上昇中であることを表している。同様に■↓印は、赤で表示される回避操作が必要な航空機であり、脅威機が自機の前方右側20度方向（磁方位110度）、約１〔NM〕の位置において300〔ft〕上より降下中であることを表している。

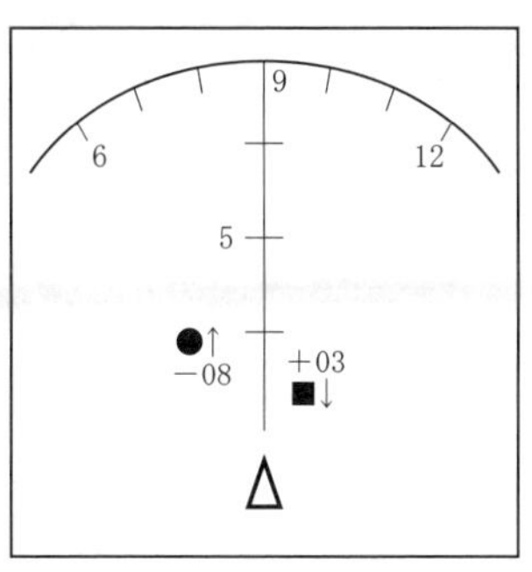

第7.16図　ACAS/TCAS表示の一例

7.8.3　動作の概略

ACASⅡの動作は、初期捕捉と追従の２段階がある。ここで、ACASⅡを装備している航空機が、脅威機を認識する手順について述べる。なお、初期捕捉手順は、相手航空機がATCモードＳトランスポンダを装備する場合と非装備機で異なる。

ATCモードＳトランスポンダを装備する航空機は、自機のアドレスと高度情報をATCモードＳトランスポンダよりスキッタパルス（Squitter Pulse）として約１秒間隔で発射する。このスキッタパルスを受信したACASⅡを装備する航空機は、当該航空機のアドレスをファイルに記憶し、取得したアドレスを用いて個別質問応答を行い、当該航空機の飛行を監視する。

一方、相手が非装備機である場合は、スキッタパルスが発射されないので、

ACAS送受信機を用いてモードA/Cによる一括質問を行い、応答信号を受信することで、モードA/C搭載機の存在を認識し、この航空機の飛行を監視する。

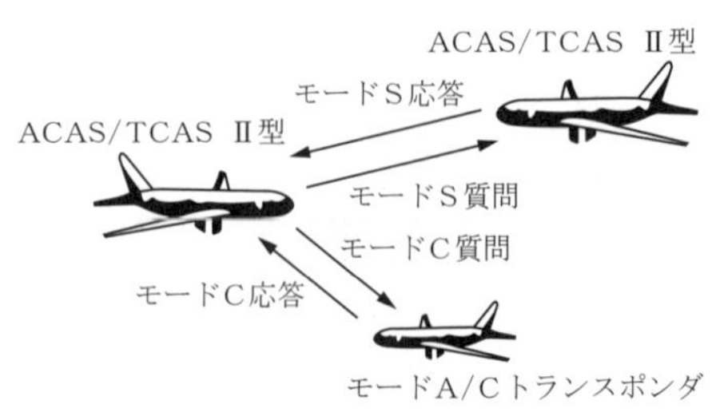

第7.17図　ACAS/TCASⅡの質問と応答

ACAS/TCASⅡの場合、初期捕捉の後、第7.17図に示すように、モードS及びモードA/Cによる質問電波をACAS/TCAS送受信機より約1秒間に1回発射し、モードS搭載機から個別アドレスと高度情報並びに回避に関する情報、モードA/C搭載機から識別符号と高度情報を得ている。相対距離は質問から応答までに要した時間を基に計算によって求められる。当該航空機の方位は、アンテナの指向性を利用して測角される。次に、得られた応答信号をコンピュータで解析し、脅威となる航空機に対する高度、距離、方位の各変化率を総合的に判断して接近の可能性をパイロットに知らせ、注意喚起を促す。その際、脅威機との相対距離、高度差、上昇下降状況、方位情報などを表示する。TA（Traffic Advisory：接近情報）やRA（Resolution Advisory：回避指示）と判断された場合には、パイロットに対して擬似音声による警報と視覚による接近情報や回避指示が出される。

7.9　ELT（Emergency Locator Transmitter）

航空機が遭難あるいは墜落などの事故を起こした場合、この航空機用救命無線機は、自動的に 121.5〔MHz〕と406〔MHz〕の電波を発射して事故の発生を知らせ、事故の早期発見と迅速な捜索、救難活動の発動に役立つ機器である。墜落の衝撃を感知して自動的に遭難信号を発射する自動型、水中に投げ込むことで浮上自立し遭難信号を発射する水中型、手動でスイッチを入れることにより遭難信号を発射する手動型がある。発射された電波をコスパスサーサット衛星で受信し捜索する。ELTは航空法施行規則により装備義務が定められている。技術基準は無線設備規則の規定に基づく航空機用救命無線機の技術的条件として定められている。

写真7.8　墜落加速度センサ機能付ELTの一例（機体取付型）

なお、飛行中の義務航空機局は、121.5〔MHz〕（緊急及び遭難用周波数）を聴守しなければならない。

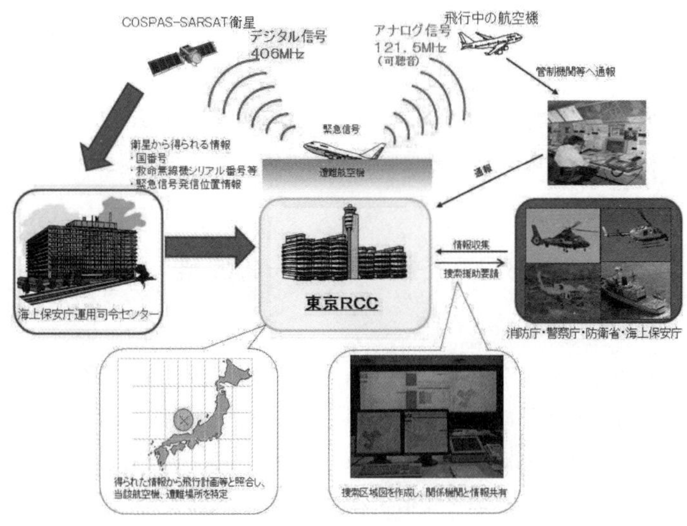

第7.18図　ELT信号による捜索救難活動の流れ
出典：国土交通省航空局　参考資料

第8章　レーダー

8.1　概要

航空路や空港周辺及び空港を離発着する航空機を監視するレーダー、航空機の飛行高度や識別符号情報を得るためのレーダーなど航空交通管制（ATC: Air Traffic Control）にレーダーは必要不可欠である。また、航空機にも気象用レーダーが搭載されている。加えて、航空機衝突防止装置や定点までの距離を測定する装置などレーダーの原理に基づくシステムが航空の分野で用いられている。

レーダーには、パルスを用いるパルスレーダーと電波が移動体で反射されたときのドプラ効果を利用するドプラレーダーが用いられることが多い。

また、発射した電波が物標（目標）で反射されて戻ってきた電波を受信する1次レーダーと物標（目標）に向けて質問電波を発射し、これを受信した物標（目標）からの応答信号を受信する2次レーダーがある。

8.2　各種レーダーの原理

8.2.1　パルスレーダー

レーダー（Radar：RAdio Detection And Ranging）は、電波の定速性（3×10^8 m/s）、直進性、反射性を利用しており、第8.1図に示すように水平方向に360度回転する指向性アンテナからパルス電波を発射し、物標（目標）で反射して戻ってきた電波を受信することで、往復に要した時間から距離を求め、更に、アンテナの回転方向から方位を求めるものである。加えて、反射波の強弱や波形の違いにより反射物体の形状や性質などの情報を得ることができる。得られた物標の距離、方位、性質情報等は、液晶パネルなどに見

メモ

やすい形式で表示される。電波の速度を c〔m〕、往復の時間を t〔s〕とすると、物標までの距離 d〔m〕は次の式で求まる。

$$d = \frac{ct}{2}$$

例えば、ある地点より発射した電波が物標で反射して１〔ms〕後に戻ってきたとすると、その物標までの距離は150〔km〕である。

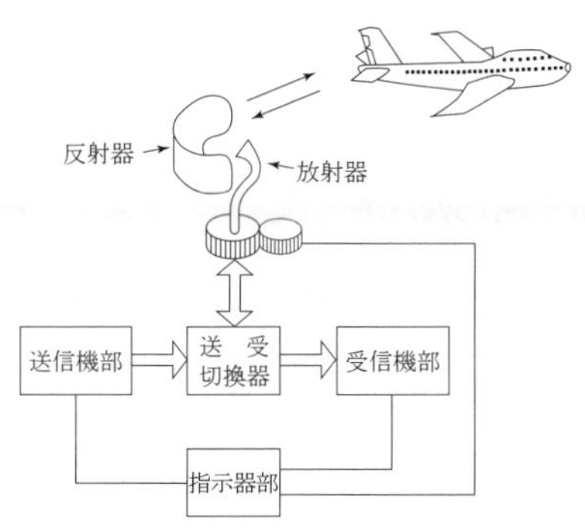

第8.1図　レーダーの原理

第8.2図に示すように、パルス幅が狭く振幅が一定のパルスをパルス幅に比べて非常に長いパルス繰返し周期で発射すると、パルスが発射されていない期間に反射波を受信できる。パルス幅として0.1～1〔μs〕程度、繰り返し周期が100～1000〔μs〕程度のパルスが使用されている。パルス幅は探知距離に応じて適切な値が選ばれる。航空管制に用いられる１次レーダーや航

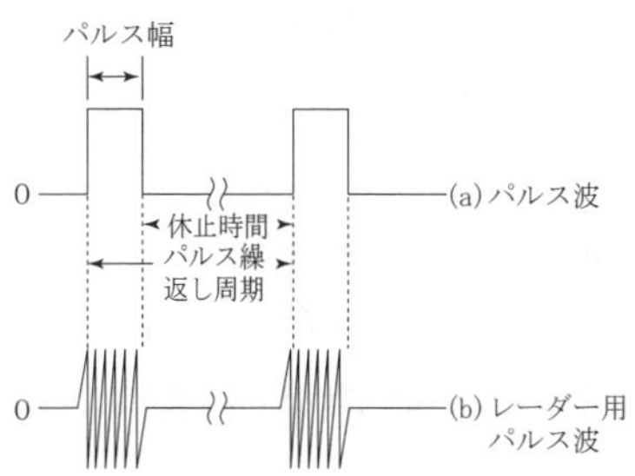

第8.2図　レーダーに用いられるパルスの一例

空機搭載気象レーダー装置は、パルスレーダーである。

8.2.2 ドプラレーダー

発射した電波の周波数が移動物体で反射される際に偏移する現象をドプラ効果という。救急車のサイレンの周波数が救急車が自分に近づいてくるときには高く聞こえ、遠ざかるときには低く聞こえる現象である。このドプラ効果を利用したのがドプラレーダーであり、次のように利用されている。

① 移動体の速度計測

② 固定物と移動物体の識別

③ 竜巻や乱気流の早期発見及び観測

なお、航空交通管制用レーダーでは、航空機を雲、雨、大地、固定物などと識別するためにドプラ効果が利用されている。

8.2.3 レーダーと使用周波数帯

マイクロ波をレーダーに使用する主な理由は次のとおりである。

① 電波見通し距離内の伝搬であり伝搬特性が安定。

② 地形や気象の影響を受けやすい。

③ 回折などの現象が少なく電波の直進性が良い。

④ 利得が高く鋭い指向特性のアンテナが得られる。

⑤ 混信や妨害を受け難い。

地形や気象の影響を受けやすい特性を利用して降雨や降雪状況、地形の変化などを探知することができる。また、マイクロ波帯の中でも低い周波数帯と高い周波数帯では、電波の伝搬損失や通過損失、アンテナの特性などが異なるため、探知できる最大距離や分解能に違いが生じる。したがって、レーダーの使用目的に合わせて適切な周波数帯を選定する必要がある。

レーダーや衛星通信などで使用される周波数帯（バンド）の名称と使用目的を表に示す。

レーダーの周波数
レーダーで使用される周波数帯（バンド）の名称と使用目的

バンド	周波数の範囲〔GHz〕	使　用　目　的
L	1 ～ 2	空港監視レーダー（SSR、ARSR）、DME
S	2 ～ 4	気象レーダー、船舶用レーダー、ASR
C	4 ～ 8	航空機電波高度計、気象レーダー、船舶レーダー、空港気象レーダー、位置・距離測定用レーダー
X	8 ～ 12.5	精測進入レーダー（PAR）、気象レーダー、沿岸監視レーダー、航空機気象レーダー、船舶航行用レーダー
Ku	12.5 ～ 18	船舶航行管制用レーダー、航空機航行用レーダー、沿岸援助用レーダー
K	18 ～ 26.5	速度測定用レーダー、空港監視レーダー（ASDE）
Ka	26.5 ～ 40	自動車衝突防止レーダー、踏切障害物検知レーダー

8.3　レーダーの構造

8.3.1　構成

レーダーは第8.3図のように送受信装置、信号処理装置、送受切換器、アンテナとレドーム、アンテナ制御装置、指示装置（表示器）などから成る。

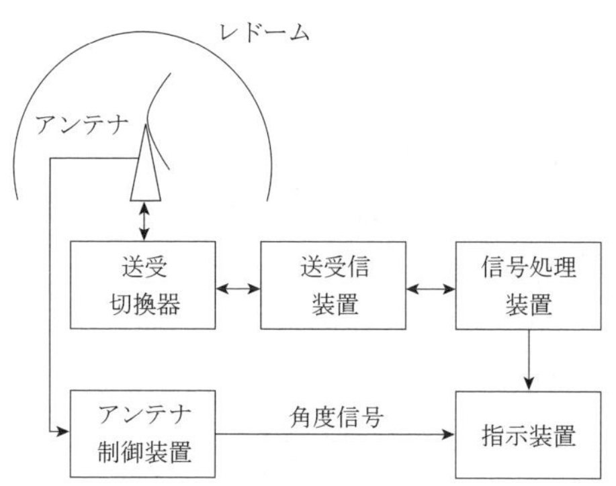

第8.3図　レーダーの構成概念図

8.3.2　送受信装置

周波数安定度の優れた水晶発振器と電力増幅器やバラクタダイオードによ

る逓倍器（入力信号周波数の２倍や３倍の周波数の信号を取り出す回路）によりマイクロ波帯の高電力信号が作られる。なお、一部のレーダーでは、マイクロ波VCO（Voltage Control Oscillator）で高安定度のマイクロ波信号を生成し増幅する方式が用いられている。パルス変調は低電力段で行われるのが一般的である。電力増幅部は、モジュール化された電力増幅器を並列接続することで高電力を得ている。

一方、アンテナで捉えられた物標で反射された信号は、送受切換器を介して受信機に加えられ復調される。そして、得られたレーダービデオ信号は、信号処理装置へ送られる。

8.3.3　信号処理部

信号処理部は不要な信号を除去し、物標信号のみを検出する役割を担っている。例えば、気象レーダーは、クラッタ（Clutter）と呼ばれる周辺の大地、建物、山などからの不要な反射信号を除去または抑圧する必要がある。

8.3.4　指示器

レーダーエコーの表示には、アンテナを中心として地図のように物標がプロットされ、物標の位置関係が分かり易い第8.4図に示すようなPPI（Plan Position Indicator）表示が用いられることが多い。アンテナ１回転で360°の表示としており、画面には物標に加えて、距離目盛（レンジマーク）、シンボルなどが表示される。また、カラーによる色別表示に加えて数字や文字による内容表示を行うことで、識別を容易にしている。

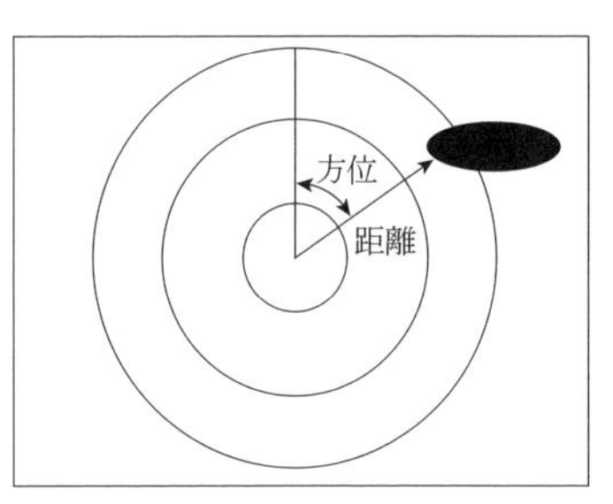

第8.4図　PPIの概念図

8.3.5　アンテナ装置

鋭い指向性ビームのアンテナを回転させながら物標を探知するレーダーは、送信アンテナと受信アンテナを共用することが多い。レーダーアンテナとして、パラボラアンテナまたは平面板や導波管に多数のスロット（9.2.5（2）参照）を切ったスロットアレーアンテナなどが広く用いられている。

8.4　レーダーの種類

レーダーには１次レーダーと２次レーダーがあり、用途に応じて適切に使い分けられている。

(1)　１次レーダー

１次レーダーは発射した電波が物標で反射して戻ってきた電波を受信する形式であり、その主な用途は次のとおりである。

①　気象用

雨、雪、雲、雷、台風、竜巻など気象に関する情報を探知するためのレーダーで、気象レーダーと呼ばれている。

②　速度測定用

主に自動車などの移動物体の速度を計測するためのレーダーで、移動物体からの反射波が受けるドプラ効果を利用しており、速度測定レーダーと呼ばれている。

③　距離測定用

物標までの距離を反射波が受信されるまでに要した時間より求めるレーダーで、航空機が地表面からの飛行高度を測定する際に用いる電波高度計もレーダーであり、車間距離を測定するためのレーダーもある。

④　位置測定用

物標までの往復に要した時間とアンテナのビーム方向から物標の位置を探知するレーダーで、船舶レーダーや航空管制用レーダーなどがある。

⑤　侵入検知用

不審者などが侵入した際に異常を知らせる警備に用いられるレーダーで、侵入検知用レーダーと呼ばれている。

(2) 2次レーダー

2次レーダーは、相手局に向けて質問電波を発射し、この電波を受信した局よりの応答信号を受信することで情報を得る形式である。1次レーダーと比較して受信電波が強く安定しており、得られる情報が多く、その主な用途は次のとおりである。

① 距離測定用

質問電波発射から応答信号受信に要した時間から当該局までの距離を求めるレーダーで、航空用の距離測定装置や航空機の衝突防止装置として実用に供されている。

② 航空管制用

地上局より航空機に対して質問電波を発射し、航空機より応答信号として航空機の識別符号や飛行高度情報を得るレーダーである。なお、質問電波発射から応答信号受信に要した時間から距離情報を得て、更にアンテナの指向性から方向の情報を得ることで相手局の位置を特定できる。

③ 識別情報取得用

相手の無線局に対して質問電波を発射し、当該局より応答信号として各種の情報を得るレーダーで、5〔GHz〕帯の電波による高速道路料金システムのETC（Electronic Toll Collection）は、この一例である。

8.5 レーダーの性能及び特性

8.5.1 概要

実際にレーダーを使用する場合、そのレーダーの規格や性能限界を十分に熟知した上で、運用に携わることが求められる。当該レーダーの遠距離と至近距離における探知能力や接近して存在する物標の分離識別能力や誤差などは、あらかじめ知っておくべきである。

8.5.2　最大探知距離

レーダーが探知できる最も遠い距離を最大探知距離という。一般に、マイクロ波を用いるレーダーの最大探知距離は、電波の見通し距離内に限られる。

最大探知距離を伸ばす主な方法は、次のとおりである。

①　利得の高いアンテナを使用する。

②　アンテナの設置高を高くする。

③　感度の良い受信機を使用する。

④　パルス幅を広くし、繰り返し周波数を低くする。

⑤　低い周波数を用いる。

⑥　送信電力の値を大きくする。

8.5.3　最小探知距離

レーダーが探知できるアンテナに最も近い位置に存在する物標までの距離を最小探知距離という。最小探知距離は、パルス幅、アンテナの設置高と垂直面内指向性などによって決まる。

レーダーでは電波が１〔μs〕で往復し得る距離は150〔m〕である。例えば、物標までの距離が150〔m〕以下の場合に、パルス幅が１〔μs〕のパルスを発射すると、パルスの送信が終わる前に反射波が戻ってくるため反射波を受信できない。したがって、パルス幅がτ〔μs〕の場合は、150τ〔m〕内に存在する物標を識別できないことになる。

8.5.4　距離分解能

距離分解能は、同一方位において距離がわずかに違う二つの物標を識別できる最小の距離である。最小探知距離の場合と同様にパルス幅がτ〔μs〕のレーダーでは、同一方位に150τ〔m〕差で隔たった二つの物標を探知できない。

8.5.5　方位分解能

レーダーの指示器で物標を観測する場合、等距離で方位角がわずか異なっている二つの物標を区別できる最小の方位角の差を方位分解能といい、主にアンテナの水平面内指向性によって決まる。方位分解能は、アンテナのビーム幅（9.1.5参照）が狭いほど良くなる。第8.5図(a)のようにアンテナが鋭い指向性をもっていれば、物標A、Bからの反射波は区別され、２点として表示される。しかし、第8.5図(b)のようにビーム幅が広い場合には、Aの反射波が終わる前にBの反射波が到来するため、指示画面では連続した長いだ円となり、二つを区別できない。

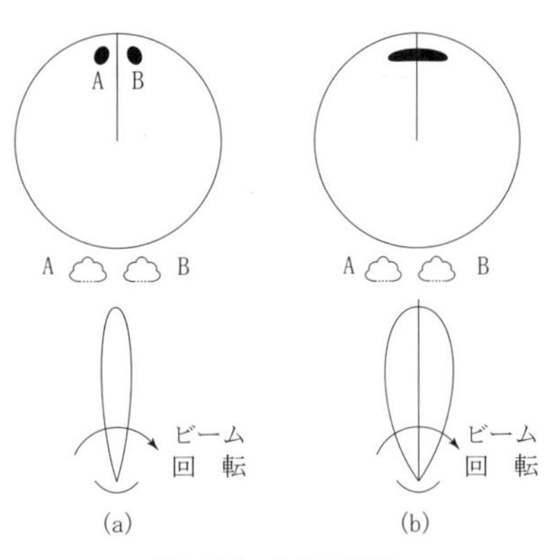

第8.5図　方位分解能

8.5.6　誤差の種類

(a)　距離誤差

レーダー表示器の時間と距離の直線性が悪いと距離誤差となる。なお、レンジ切換を物標が映る範囲で最も小さい値にセットすると距離誤差は小さくなる。距離目盛が固定式の場合には、目盛と目盛の間は目分量で補間することになるので読み取り誤差が生じる。また、可変距離目盛により距離を求める際は、物標の端に正しく合わせないと誤差となるので注意が必要である。

(b)　拡大誤差

方位拡大による誤差は第8.6図に示すように、レーダーアンテナの水平ビーム幅Aの中に物標が入っている間にエコーが受信されるため、物標の幅が

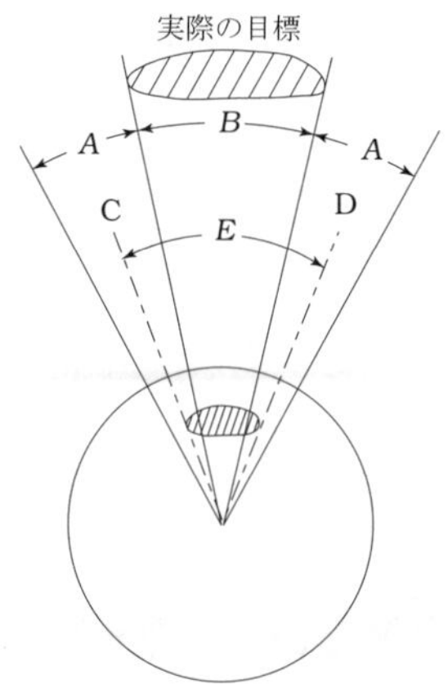

第8.6図　アンテナの半値角による方位拡大誤差

実際の幅に相当する角度Bより拡大され、およそEとしてレーダー画面に映し出される。この誤差の大きさはアンテナのビーム幅（半値幅）に比例する。対策として、ビーム幅の狭いアンテナを使用することで方位拡大による誤差を改善できる。

(c)　方位誤差

アンテナのサイドローブによって大きく誤った位置に物標が表示されることがあるので、サイドローブ特性の優れたアンテナを用いる必要がある。また、アンテナのビーム方向と指示器上の方向にずれが生じると誤差となる。

地上に設けられるレーダーの場合は、決められた位置に設置した固定物標からの反射波をモニターし、修正する機能を備えることで誤差を修正できる。一部のレーダーでは誤差が大きくなると警報を出す回路が組み込まれている。

8.5.7　レーダー干渉

同一周波数帯を使用している他のレーダーが近くにあると、画面にレーダー干渉像が現れる。この干渉像は、第8.7図のようにいろいろな現れ方をする。

この斑点は常に同じところに現れないので、物標の映像と識別することができる。この現れ方は距離レンジによって異なり、近距離レンジになるほど

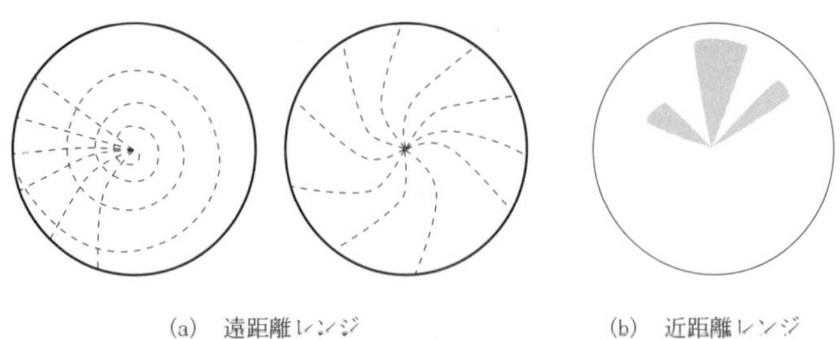

第8.7図　レーダー干渉像

放射状の直線または点線状の映像になる。

最近のレーダーはデフルータやIR（Interference Rejection）回路が優れているので、干渉が少なくなっている。

8.6　航空機用気象レーダー（WXレーダー：Weather Radar）

8.6.1　概要

航空機は気象用レーダーを搭載し、前方の気象状況を把握することで安全性の向上を図っている。航空機搭載WXレーダーには、雨、雪、雲などの状況を正確かつ高い信頼度で掴むことが求められる。前方を飛行する航空機

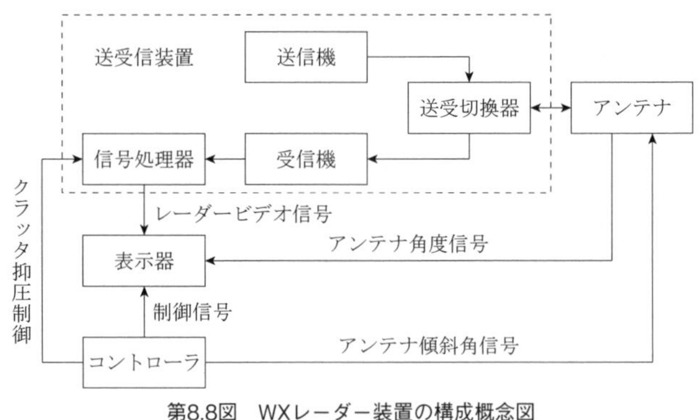

第8.8図　WXレーダー装置の構成概念図

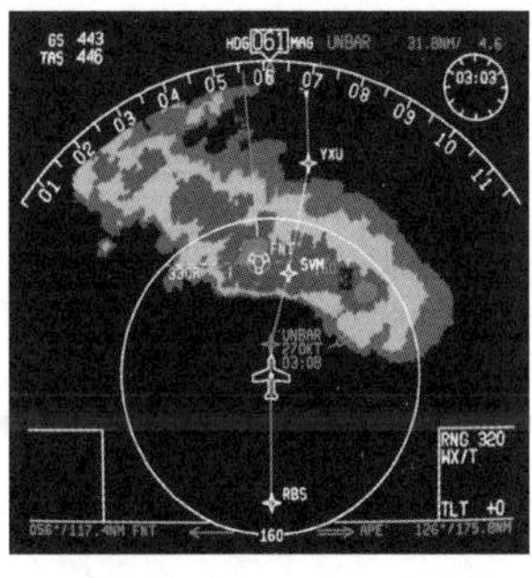

写真8.1　レーダーエコーの一例

写真8.2　アンテナの一例

を把握することが目的ではなく、前方の気象状況や乱気流など危険な状況を把握する機能に力点が置かれた９〔GHz〕帯（Xバンド）の固体化WXレーダーが用いられることが多い。第8.8図に航空機搭載WXレーダー装置の構成概念図を示す。

なお、航空機の揺れによって生じるビーム方向の偏位は、航空機のジャイロ信号によって抑えられる。更に、垂直方向のビーム照射角度や測定可能距離（レンジ）は、コックピットのコントロールパネルによって適切な値に選択できる。

航空機用気象レーダーのアンテナは、航空機の最前方のノーズ（Nose）と呼ばれる位置に設置されレドームで覆われている。

8.6.2　取扱方法

航空機用気象レーダーは、固体化され周波数の安定性が極めて良く、更にデジタル信号処理による自動化によって、パイロットへの負担を軽減している。しかし、次のも

写真8.3　コントロールパネルの一例

のについては、パイロットは必要に応じて写真8.3に示すようなコントロールパネルを用いて最適な状態を選択することができる。

(1) RANGE

測定距離範囲を切り換えるために用いられ、目的に応じてパイロットによって適切なRANGEが選択される。

(2) ANT TILT

レーダーアンテナの垂直方向の角度を調整するために用いられ、上側に最大で10度、下側最大で15度程度の間の任意の値にセットできるものが多い。

(3) GAIN

反射波（レーダーエコー）のレベルがある値より強い場合に受信機の利得を手動で調整して、見やすい画面にするために用いられる。

(4) TEST

TESTにするとレーダー装置の機能試験を実施することができ、テストパターンが表示される。

(5) STBY

準備状態であり電波は発射されない。

8.7　航空管制用１次レーダー

8.7.1　概要

１次レーダーでは、航空機の位置は探知できるが、航空機を個別に識別するための識別符号や飛行高度を知ることができない。このため、１次レーダーに航空機の識別符号や高度情報が得られる２次レーダーのSSR（Secondary Surveillance Radar）が併設されることが多い。

得られた航空機の位置情報、識別符号、高度情報及び航空会社から提供される飛行計画書（フライトプラン）をコンピュータ処理し、航空機の位置、便名、高度、対地速度（アンテナが１回転した間に航空機が移動した距離から計算により求める）、機種、目的地、ATCトランスポンダコード（ID）、管制機と非管制機の区別などをレーダー画面上に表示させている。

航空管制官は、状況に応じてこれらから必要な情報を選択してレーダー画面に表示させ航空機の誘導や監視を行い、VHF無線電話装置を用いてパイロットに必要な指示や情報提供を行っている。

レーダーの周波数は、使用目的や探知距離に応じて、適したものが選ばれる。航空路を監視する１次レーダーは、小高い山頂に設置されることが多く、1350〔MHz〕帯の電波によって運用されている。空港の周辺を飛行する航空機を監視する１次レーダーは、空港内に設置されることが多く、2850〔MHz〕帯の電波を用いている。SSRは１次レーダーに併設されることが多く、1030〔MHz〕で送信し、1090〔MHz〕を受信する。

レーダー指示器には大型の液晶の高輝度高精細表示器が使われており、運用室は明るくて利便性がよい。

空港に設置された固体化１次レーダーの送受信装置、SSR送受信装置、アンテナの一例を写真8.4に示す。

(a)　固体化１次レーダー送受信装置

(b)　SSR送受信装置

(c)　アンテナの一例

写真8.4　空港に設置されたレーダー装置

8.7.2　クラッタ対策

ATCで用いられるレーダーは、地表面などからの不要な反射波（クラッタ）の影響を軽減するため、地表面への放射電力を少なくしたシャープカットオフと呼ばれる垂直面内指向性のアンテナを用いている。

また、レーダーサイトの近くからの強い反射波の影響を抑えるSTC（Sensitivity Time Control）や雨や雪からの反射波の影響を抑えるFTC（Fast Time Constant）が備えられている。

更に、ATC用のレーダーでは航空機からの反射とクラッタである建物、山などの固定物、雨、雪などからの反射波を識別し、飛行する航空機の映像のみを表示するMTI（Moving Target Indicator）機能を備えている。

8.7.3 MTI（Moving Target Indicator）

MTIは移動物標で反射した信号がドプラ効果によって周波数偏移を伴うことを利用して移動物標と固定物を識別し、移動物標のみを検出する信号処理技術である。１次レーダーで受信される信号には多数のクラッタ（目標以外の物質で反射した不必要な信号）が含まれている。このクラッタは、レーダー画面上で航空機の識別を困難にし、航空交通の安全性に与える影響が大きいため除去する必要がある。固定物標からの反射波の場合、レーダーアンテナと物標の距離が一定であるため、ドプラ効果による周波数偏移は、極めてゼロに近いと考えられる。そして、この反射波の位相はパルス繰返し周期毎に変化しない。一方、飛行する航空機で反射された反射波の場合には、レーダーアンテナと航空機の距離が変化するため、ドプラ効果による周波数偏移が生じ、反射波の位相はパルスの繰返し周期ごとに変化する。したがって、この信号を位相検波すると、パルス繰返し周期ごとに位相差のある信号が得られる。このように移動物体からの反射波信号のみを抽出する回路がMTIであり、種々の方式が実用化されている。

8.7.4 取扱方法

(1) 概要

最近のレーダーでは、デジタル信号処理を行う過程で最適な状態が得られるよう自動的に調整する機能が備えられているので航空管制官やパイロットが手動で調整を行う機会は少ない。しかし、強力な反射波や雨など状態が一様でないので、それらの悪影響を手動で調整した方が効果的に軽減できることがある。

(2)　STC

近くの大地、丘、建物などによってレーダー波が反射されると強い反射波が返ってくる。このため受信機は飽和して、画面の中心付近が明るくなり過ぎて近くの目標が見えなくなる。これを防止するため、近距離からの強い反射波に対しては感度を下げ（遠距離になるに従って感度を上げる。）、近くからの反射の影響を少なくして、近距離にある目標を探知しやすくするための回路をSTC回路（Sensitivity Time Control Circuit：感度時調整回路）という。

感度を下げていくと、反射の明るい部分は次第に消えていくが、下げ過ぎると、必要な目標まで消えてしまうので注意する必要がある。

(3)　FTC

雨や雪などからの反射波によって、航空機の識別が困難になることがある。このときには、FTC（Fast Time Constant Circuit：小時定数回路または雨雪反射抑制回路）を動作させると、その影響を抑えることができる。このFTCは航空機からの反射波と雨などからの反射波の波形が異なることを利用して分離するものである。

また、電波の偏波を直線偏波から円偏波に変更することで雨の影響を軽減できるが、探知距離が短くなることがあるので注意しなければならない。

(4)　GAIN

強い反射波によって受信機が飽和することを防ぎ、適切な状態で受信できるよう受信機の利得を手動で調整できる機能が備えられている。

8.8　SSR（Secondary Surveillance Radar）

8.8.1　概要

レーダー管制方式は、航空交通量の多い空域で航空管制官の業務を支援するために導入されている。近代化されたレーダー管制では、航空機の識別符号、飛行高度、位置情報などが必要不可欠であり、２次レーダーのSSR（Secondary Surveillance Radar）が重要な役割を担っている。

SSRは、ATCRBS（ATC Radar Beacon System）における地上側の装置で、SSRインタロゲータより質問信号（モードパルス）で変調した1030〔MHz〕の質問電波を航空機に向けて発射し、ATCRBSの機上側の装置であるATCトランスポンダ（Transponder）から1090〔MHz〕で送られる応答信号（コードパルス）を受信することで航空機の識別符号と飛行高度情報を得るものである。更に、距離は質問から応答に要した時間より算出される。方位はSSRアンテナのビーム方向から求められる。

SSRは、ターゲットで反射した微弱な電波を受信する１次レーダーと異なり、次のような特徴を持っている。

① 受信電力が大きく安定である。

② 気象条件や航空機の大きさなどの影響を受け難い。

なお、SSRは１次レーダーに併設されることが多いが、単独で用いられることもある。

8.8.2 ATCRBSの基本構成

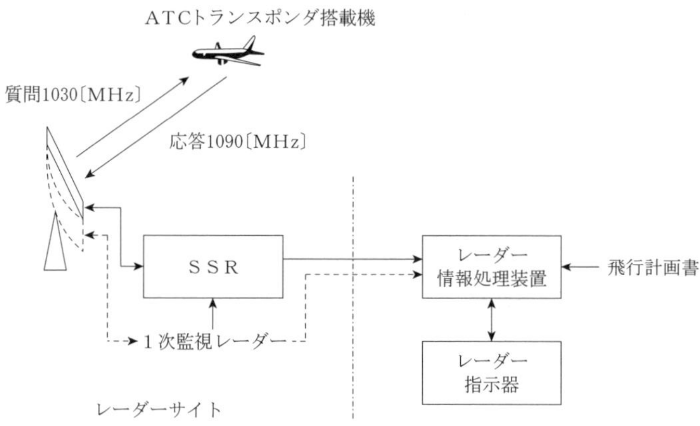

第8.9図 ATCRBSの構成概念図

ATCRBSは第8.9図に示すように、地上に設置されるSSR、航空機に搭載されるATCトランスポンダ、航空管制官が使用するレーダー指示器、情報処理するコンピュータシステムなどから成る。

8.8.3　SSRの質問モード

SSRの質問モードには、第8.10図、11図に示すパルス間隔で定まる２種類が主に用いられている。

(1)　モードＡ

航空機の識別符号を質問する場合に用いられるモードで、第8.10図に示すようにパルス間隔は８〔μs〕である。

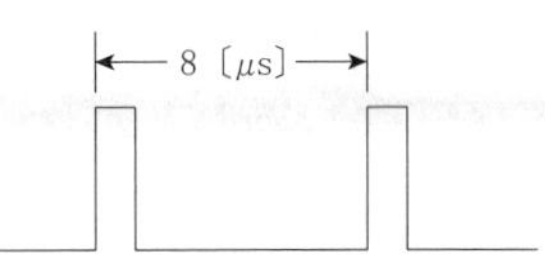

第8.10図　モードAパルス

この質問パルスを受信した航空機は、あらかじめ航空管制官より指定され、パイロットがコックピットのATCトランスポンダ用コントローラ（第8.13図参照）で設定した４桁の識別番号（符号）をATCトランスポンダより自動的に送信する。

(2)　モードＣ

航空機の飛行高度を質問する場合に用いられるモードであり、第8.11図に示すようにパルス間隔は21〔μs〕である。

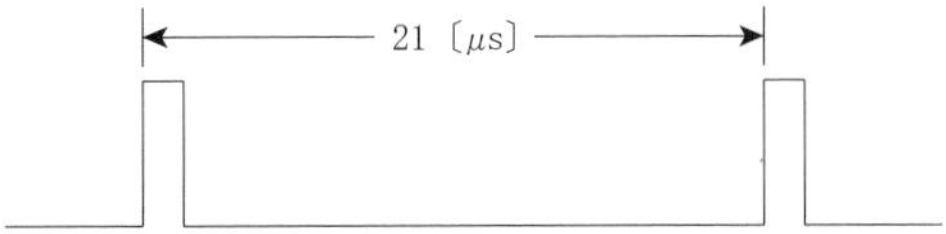

21〔μs〕

第8.11図　モードCパルス

この質問パルスを受信した航空機は、現在の飛行高度を自動的に送信する。ただし、搭載しているATCトランスポンダがモードＡ対応型で、モードＣに対応していない航空機は応答しない。

8.8.4　レーダー画面表示のための信号処理

レーダー画面には必要な情報が見やすく読みやすい形式で表示される必要がある。航空機の位置シンボル、便名、高度、速度、機種、目的空港、飛行ルート、トランスポンダコード、上昇下降の別などから状況に応じて必要な項目が航空管制官によって選択される。

これを可能にしているのはレーダー信号と飛行計画書（フライトプラン）を情報処理する巨大なコンピュータシステムである。なお、航空機の速度はアンテナが1回転する間に航空機が移動した距離から計算によって求められる。

レーダー管制室の一例を写真8.5に、また、航空管制用レーダー画面の一例を写真8.6に示す。

写真8.5　レーダー管制室

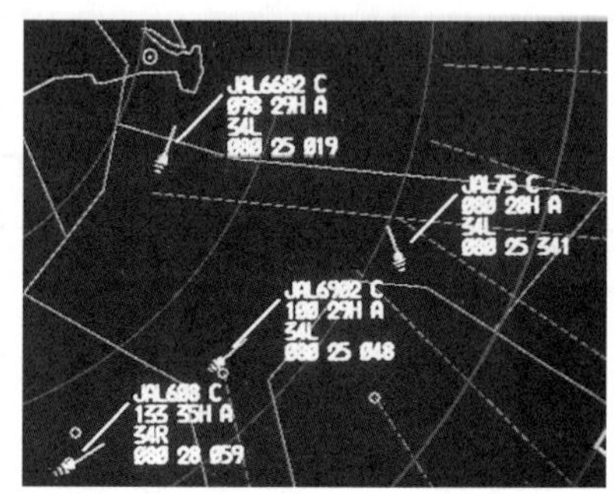

写真8.6　航空管制用レーダー画面の一例（一部拡大）

8.8.5　モードS

従来のSSRは、アンテナのビーム内に存在する航空機に対して質問応答を繰り返すため、干渉障害を発生させることがある。一方、モードSは、質問応答に各航空機の個別アドレスを利用することで電波の発射を必要最小限に留め、干渉障害の発生を抑制している。

モードSの基本的な役割は、個別質問応答により得た信頼性の高い航空機の識別符号、飛行高度情報、位置情報（距離と方位情報）などをレーダー信号処理システムに提供し、航空交通管制の信頼性を向上させることである。モードSの原理は航空機衝突防止装置（ACAS/TCAS）にも利用されている。

なお、モードSは従来型との両立性を考慮したシステムであり、従来型ATCトランスポンダ搭載航空機に対しては、従来の方式で情報を得る機能を備えている。

8.9　ATCトランスポンダ（モードA/C用）

8.9.1　概要

ATCトランスポンダはATCRBS（ATC Radar Beacon System）における機上側の装置で、SSRや衝突防止装置（ACASまたはTCAS）より1030〔MHz〕で送信される質問信号（モードパルス）を受信し、応答信号（コードパルス）として航空機の識別符号や飛行高度を1090〔MHz〕で送信する装置である。

主要空港の周辺や航空路に沿って飛行する航空機は、航空法によってATCトランスポンダとVHF送受信装置を備えることが義務付けられている。また、ATCトランスポンダは、衝突防止装置（ACASまたはTCAS）の質問信号に対しても応答信号を送信する重要な装置である。

モードAの質問パルスを受信したATCトランスポンダは、識別符号として事前に航空管制官より指定され、パイロットがコントロールパネルで設定した４桁の番号をコード化して送信する。モードCの質問パルスを受信した場合には飛行高度情報を送信する。これらはパイロットの負担にならないよう自動的に行われる。

なお、7700（緊急事態）、7600（通信機故障）、7500（ハイジャック）をコントロールパネルで設定すると、その状況が管制レーダーの画面上に表示される仕組みになっている。

8.9.2　応答信号パルス（コードパルス）

ATCトランスポンダの応答信号（コードパルス）は、第8.12図に示すようにパルス幅が0.45〔μs〕でパルス周期が1.45〔μs〕の15個のパルスから成る。ただし、Xパルスは将来使用される予定で現在使用されていない。したがって、使用できるのはフレーミングパルスと呼ばれるフレームの始まりと終わりを示す固定パルスで区切られた12個である。12個のパルスを用いて

4096通り（$2^{12}=4096$）の組み合わせが可能である。

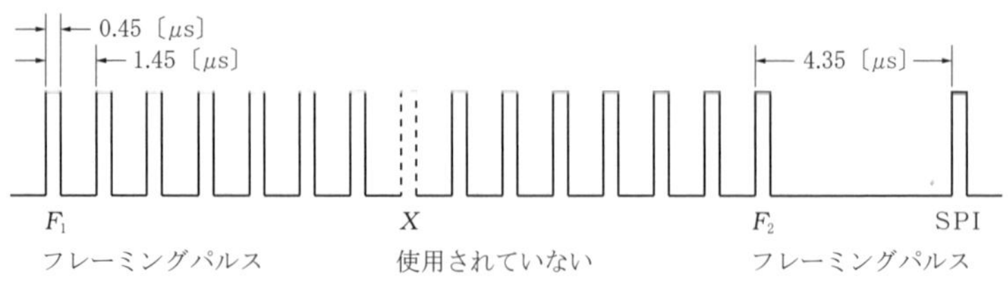

第8.12図　応答信号パルス（コードパルス）

8.9.3　SPI（Special Position Identification）パルス

SPIパルスは、レーダー画面上の複数の航空機を個々に識別するために航空管制官の要求によりパイロットがATCトランスポンダ用コントロールパネルのIDENTボタン（アイデントボタン）を押した場合に付加されるパルスである。このSPIパルスが付加されると、航空管制レーダー画面上の当該航空機のIDが点滅表示に変わり、航空機の識別が容易になる。

8.9.4　ATCトランスポンダの操作方法

第8.13図に示すATCトランスポンダのコントロールパネルを用いた操作の一例を述べる。

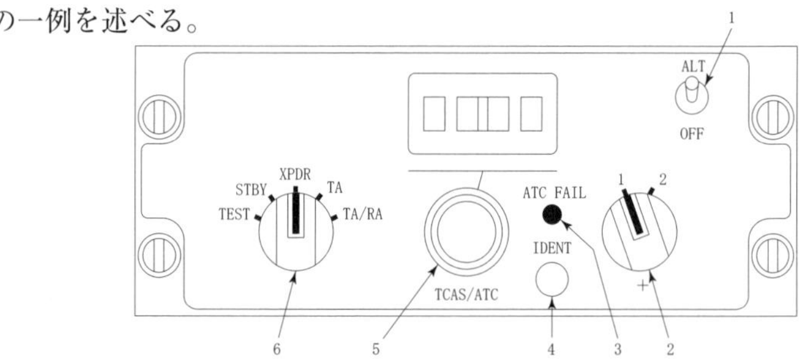

第8.13図　コントロールパネルの一例

最初にパネル面のスイッチ類の機能を説明する。

1．ALTスイッチ

気圧高度情報をトランスポンダへ供給する場合は、ALT位置、供給しない場合は、OFFの位置にする。

OFFにすると高度情報を送信しなくなり、ACAS Systemはスタンバイ（受信のみの状態）となる。

2．セレクタスイッチ

トランスポンダが2台装備されている場合に作動させる装置を選択する。

3．ATC FAILライト

トランスポンダの動作状態を示し、故障等の場合はこのランプが点灯する。

4．IDENTボタン

航空管制官よりIDENTの指示があった場合に押すボタンである。このボタンを押すことで、SPIパルスが付加されて送信され、管制画面上で当該航空機のID表示が点滅する。

5．CODEセレクタ

航空管制官より指示されたコードナンバーを設定するものである。各桁0から7まで設定できる。コードナンバーで、航空機の非常事態や無線機器の不具合等を表すこともできる。このコードナンバーは基本的には到着空港まで変更されない。

6．機能スイッチ（FUNCTION）

・TEST：関連するSystemが自己診断テストを行う。

・STBY：受信機は作動するが送信（応答）は行わない。

・XPDR：トランスポンダのみが作動を開始し、ACAS装置は受信のみの状態となる。

・TA：ACAS装置はTraffic Advisory（TA）までの情報を提供する。

・TA/RA：ACAS装置はTA情報に加え、Resolution Advisory（RA）情報を提供する。

① FUNCTIONスイッチをTESTにセットしてATC FAILライトが点灯しないことを確認した後スイッチをSTBYに戻す。

② 航空管制官より指示されたコード（squawk）をCODEセレクタで設定する。

③　ALTスイッチがALT位置にあることを確認する。

④　トランスポンダのみを作動させる場合は、XPDRにセットする。
ACAS装置を作動させる場合は、TAまたはRAにセットする。

⑤　航空管制官の要請に応じてIDENTボタンを押す。

⑥　ATC より Squawk の変更を指示された場合は、再度CODEセレクタで設定する。

⑦　飛行が終わればFUNCTIONスイッチをSTBYにセットする。

第9章　空中線系

9.1　空中線の原理

9.1.1　概要

アンテナは無線通信を行う際に空間に電波を放射し、また、空間の電波を捉え、高周波電流に変えるもので、電波と高周波電流の変換器である。

アンテナの長さ（大きさ）は、使用電波の波長に関係し、周波数が高くなると短く（小さく）なる。また、アンテナには特定方向に強く電波を放射するものや全方向に放射するものがある。この方向性をアンテナの指向性という。更に、ある地点における電波の強さは、送信に用いるアンテナの特性により異なる。この違いを基準アンテナと比較したのが利得である。アンテナには多くの種類があり、用途に応じて適切なものが使用される。

ここでは、アンテナについて簡単に述べる。

9.1.2　機能と基本特性

アンテナの機能と基本特性は、概ね次のとおりである。

① アンテナとは、電波と高周波電流との変換器である。

② アンテナは送受信に共用できるものが多い。

③ アンテナの長さは、使用電波の波長に関係する。

④ アンテナには指向性があるものとないものがある。

9.1.3　共振

一般に、物が共振すると、その振動が大きくなる。無線通信に用いられる多くのアンテナは、この共振を利用している。

第9.1図(a)のように、有限の長さで両端が開放されている導体に高周波電

メ モ ―――――――――――――――

流を流した場合、その高周波電流の周波数に共振する最小の長さは、1/2波長（$\lambda/2$）である。この波長を固有波長、周波数を固有周波数という。このように両端が開放された導体を用いるのが、非接地アンテナである。

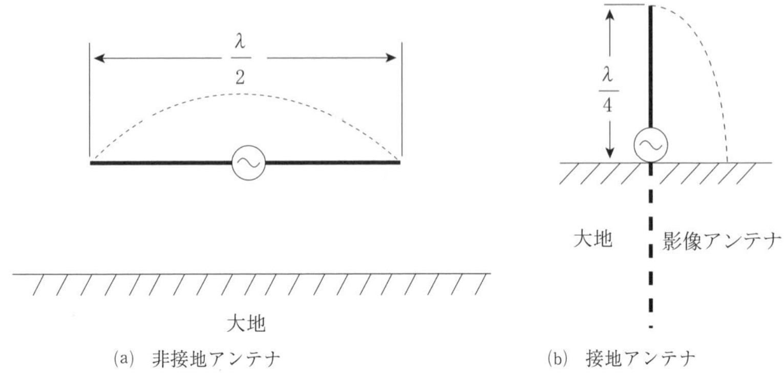

第9.1図　アンテナの共振

一方、同図(b)に示すように導線の片側を大地に接地した場合は、大地の鏡面効果により影像アンテナが生じる。片側を大地に接地した導体が、そこを流れる高周波電流の周波数に共振する最小の長さは、1/4波長（$\lambda/4$）である。このように一端が開放、もう一端が大地に接地された導体を大地の鏡面効果を利用してアンテナとして用いるのが接地アンテナである。

なお、非接地アンテナは1/2波長、接地アンテナは1/4波長のものが広く用いられている。

9.1.4　等価回路

アンテナは、1/2波長や1/4波長のような物理的な長さを持っているが、第9.2図(a)に示すようにコイルの働きをする成分や周辺の大地などの間で形成されるコンデンサによる静電容量も有している。また、アンテナ線は抵抗成分を持っている。したがって、アンテナは、同図(b)に示すようにコイルの実効インダクタンスL_eとコンデンサの実効容量C_e及び実効抵抗R_eから成る電気回路に置きかえて考えることができる。

なお、アンテナの共振周波数fは、次の式で与えられる。

$$f=\frac{1}{2\pi\sqrt{L_eC_e}}$$

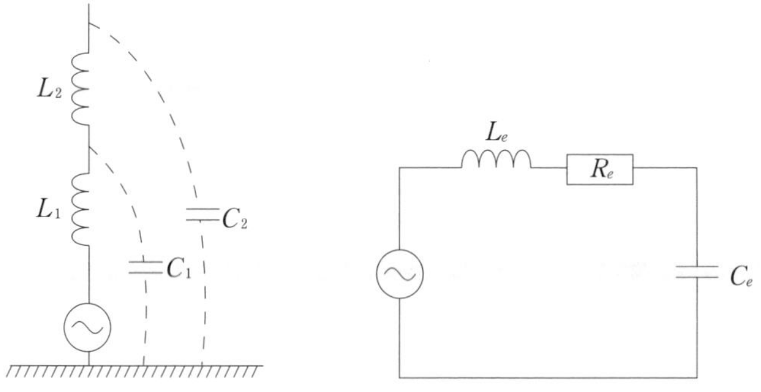

(a)　実装状態でのアンテナ　　(b)　等価回路

第9.2図　アンテナの等価回路

9.1.5　指向特性

アンテナには特定の方向に対して効率よく動作するものと、方向性を持たないものがある。このアンテナの方向性を指向性と呼んでいる。指向性には水平方向の特性である水平面内指向性と垂直方向の特性である垂直面内指向性がある。

方向性がないものは全方向性（無指向性）と呼ばれ、移動体通信に用いられることが多く、水平面内指向性は第9.3図(a)に示すようにアンテナを中心とする円になる。

(a)　全方向性　　(b)　単一指向性

第9.3図　指向性（水平面内）

一方、特定の方向性を持つものは、単一指向性と呼ばれ、VHF/UHF帯で固定通信業務を行う無線局やテレビ放送の受信として広く用いられている。これは同図(b)に示すように一方向となる。

実際のアンテナでは、第9.4図に示すように、主ローブの他に、後方にバックローブ、側面にサイドローブが生じることが多い。

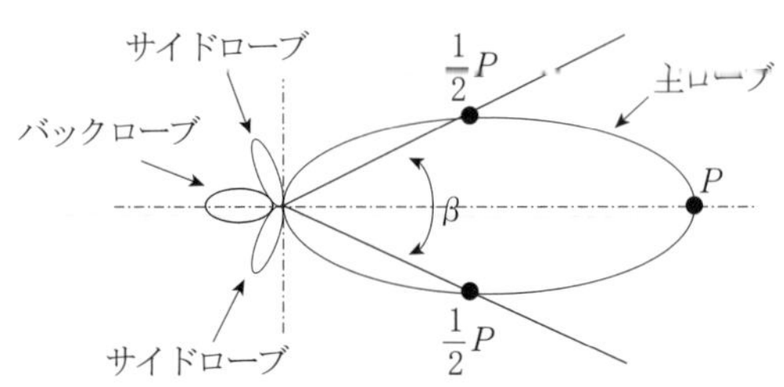

第9.4図　主ローブ、サイドローブとビーム幅

また、同図に示すように最大放射方向の最大電力Pの1/2となる２点で挟まれる角度βをビーム幅（半値幅）と呼んでいる。

なお、アンテナを電燈に例えれば、裸電燈は全方向性であり、スポットライトは単一指向性である。

9.1.6　利得

アンテナの利得とは、基準となるアンテナと比較して、どの程度強い電波を放射できるか、また、受信に用いた場合にはどれだけ強く受信できるかを示す指標の一つである。

したがって、利得の大きいアンテナは、強く電波を放射でき、更に受信に用いた場合には受信電力を大きくできる能力を持っていることになる。例えば、八木アンテナの利得は、ホイップアンテナやスリーブアンテナより大きい。また、パラボラアンテナの利得は、八木アンテナより大きい。

9.2　各周波数帯で使用される空中線の型式及び指向性

9.2.1　概要

多種多様のアンテナが、その特性を活かして無線通信などに用いられている。移動体通信には、水平面内指向性が全方向性のアンテナが適しており、移動局のアンテナには小型軽量が求められるが、基地局に性能の良い大型のアンテナを架設することによって総合的に通信品質を向上させている。一方、固定通信には水平面内指向性が単一指向性で利得のあるアンテナが用いられることが多い。

また、アンテナの長さ（大きさ）は、使用電波の波長に関係するので、MF/HF（中波/短波）帯では長く（大きく）なる。このため、アンテナの物理的な長さを短くして、コイルなどを付加することで電気的に共振させるアンテナも用いられている。

アンテナを選定する際には、指向性や利得などの特性だけでなく、用途、物理的な架設条件、経済性、維持管理の容易性などが総合的に検証される。更に、アンテナは周辺の影響を受けやすいので注意して取り扱う必要がある。

ここでは、各周波数帯別に代表的なアンテナを紹介するが、その周波数帯に限定されるものではなく、他の周波数帯でも用いられることが多い。

9.2.2　MF帯のアンテナ

MF帯では波長が非常に長いので、それに伴ってアンテナ長が長くなり、簡単に架設できない。そこで、第9.5図に示すようにアンテナ線をＴ型やＬを逆にした型に架設し、不足する長さをコイルで補う手法が用いられる。これらのアンテナの水平面内指向性は、概ね全方向性であるが、アンテナの設置環境に大きく影響される。この接地型アンテナでは、接地の良否がアンテナの性能に大きく影響するので設計及び日常の保守点検が重要となる。

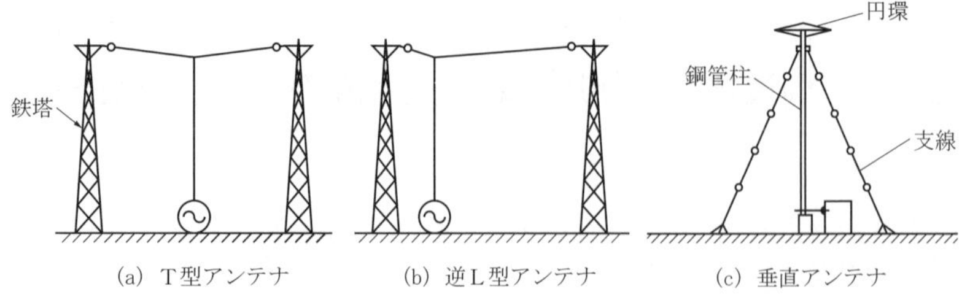

第9.5図　MF帯用アンテナ

9.2.3　HF帯のアンテナ

(1)　1/2波長水平ダイポールアンテナ

第9.6図(a)のように、アンテナ素子を水平に架設するのが水平ダイポールアンテナであり、水平面内指向性は、同図(b)に示すように、アンテナ素子と直角方向が最大点で、アンテナ素子の延長線方向が零となる8字特性である。

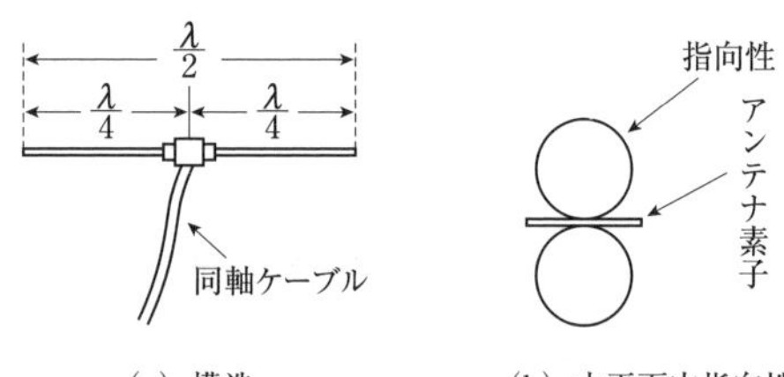

第9.6図　1/2波長水平ダイポールアンテナ

(2)　1/2波長垂直ダイポールアンテナ

第9.7図(a)に示すように、アンテナ素子を大地に対して垂直に架設するのは1/2波長垂直ダイポールアンテナと呼ばれ、その水平面内指向性は、同

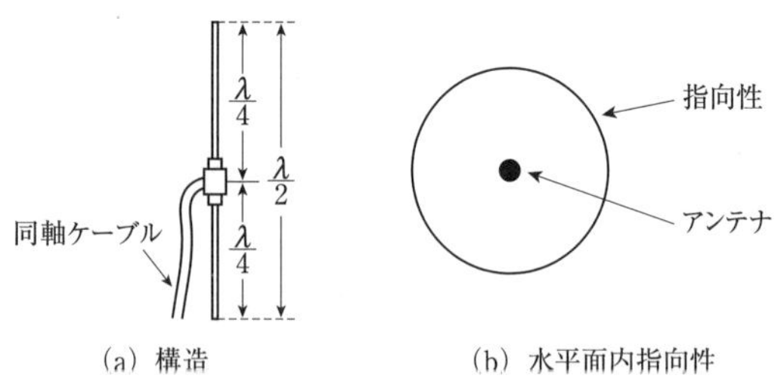

第9.7図　1/2波長垂直ダイポールアンテナ

図(b)に示すように全方向性であり、HF帯の高い周波数帯で用いられることが多い。

9.2.4　VHF帯及びUHF帯のアンテナ

(1)　ホイップアンテナ（Whip antenna）

自動車の車体を大地に見立てると鏡面効果によりアンテナ素子の長さを1/4波長（$\lambda/4$）にすることができる。第9.8図(a)に示すホイップアンテナは、この効果を利用しており、陸上・海上・航空移動無線局、携帯型トランシーバなどで用いられることが多い。水平面内指向性は、同図(b)に示すように全方向性である。

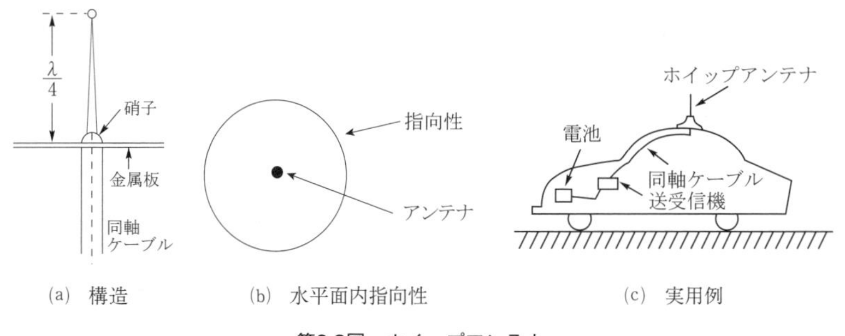

(a)　構造　(b)　水平面内指向性　(c)　実用例

第9.8図　ホイップアンテナ

(2)　ブラウンアンテナ（Brown antenna）

ブラウンアンテナは、第9.9図(a)に示すように１本の1/4波長のアンテナ素

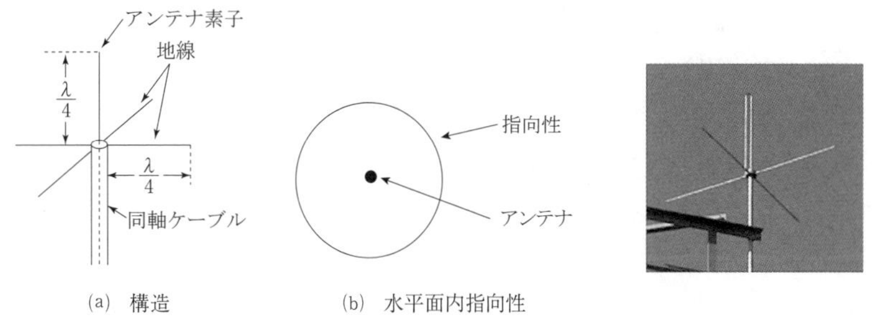

(a)　構造　(b)　水平面内指向性

第9.9図　ブラウンアンテナ

写真9.1　ブラウンアンテナ

子と大地の役割をする４本の1/4波長の地線で構成される。地線が大地の働きをするのでアンテナを高い場所に架設でき、通信範囲の拡大や通信品質の向上が図れる。水平面内指向性は、同図(b)に示すように全方向性である。VHF/UHF帯で運用される基地局で用いられることが多い。実装されているブラウンアンテナを写真9.1に示す。

(3)　スリーブアンテナ（Sleeve antenna）

スリーブアンテナは、第9.10図(a)に示すように同軸ケーブルの内部導体を約1/4波長延ばして放射素子とし、更に同軸ケーブルの外側に導体製の長さが1/4波長の円筒状スリーブを設けて上端を同軸ケーブルの外部導体（シールド）に接続したもので、全体で1/2波長のアンテナとして動作させるものである。水平面内指向性は、同図(b)に示すように全方向性である。実装されているスリーブアンテナを写真9.2に示す。

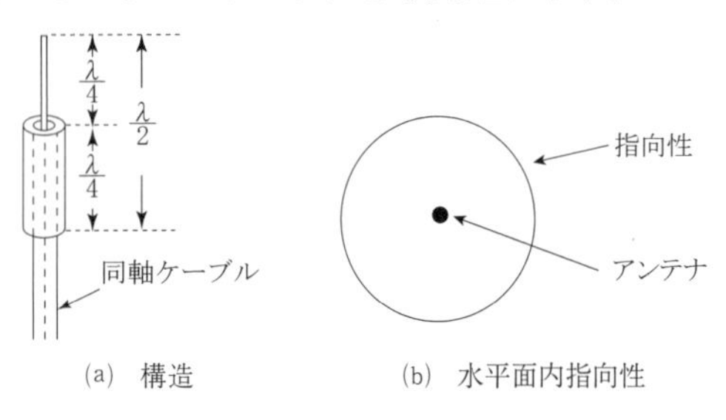

第9.10図　スリーブアンテナ

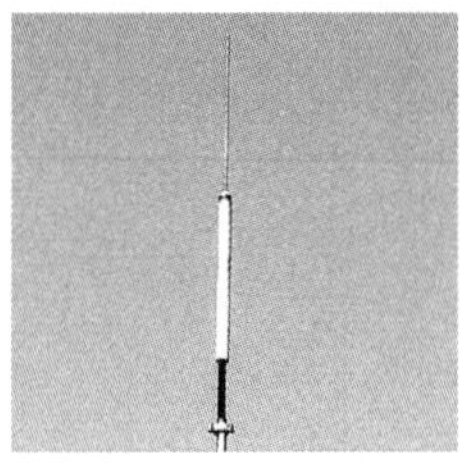
写真9.2　スリーブアンテナ

9.2.5　UHF帯及びSHF帯のアンテナ

(1)　パラボラアンテナ

第9.11図に示すように放物面の焦点に置いた一次放射器から放射された電波は、回転放物面（パラボラ面）で反射され、パラボラの軸に平行に整えられ、一方向に伝搬する。逆に、一方向よりパラボラの軸に平行に伝搬してパラボラ面に達する電波は、パラボラ面で反射され焦点に置かれた一次放射器に収束され給電線（導波管）で受信部へ送られる。水平面内指向性は単一指向性である。実装されているパラボラアンテナの様子を写真9.3に示す。

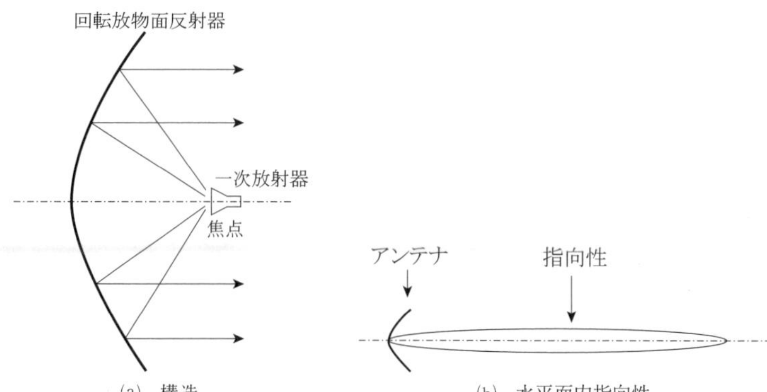

第9.11図　パラボラアンテナ

写真9.3　実装されたパラボラアンテナ

パラボラアンテナは、非常に利得が高いので遠距離通信や微弱な信号の受信に適している。衛星通信、マイクロ波多重無線、レーダー、衛星放送受信などで広く用いられている。

(2)　スロットアンテナ

スロットアンテナは、第9.12図に示すように波長に比べて十分に広い導体板にスロットを切り、アンテナ素子とするものである。スロットアンテナでは、放射される電波の偏波方向が一般のアンテナと逆になり、垂直に切られたスロットからは水平偏波が放射される。そして、水平に切られたスロットからは垂直偏波が放射される。

スロットの長さlを1/2波長として、同図(a)のように中央で給電すると同

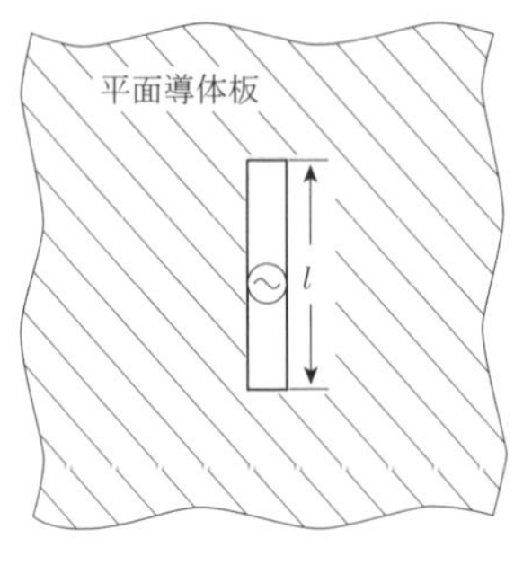

(a) 原理図　　(b) 補対アンテナ

第9.12図　スロットアンテナ

図(b)に示す補対アンテナと呼ばれるダイポールアンテナが形成される。なお、給電位置によりアンテナの入力インピーダンスが異なるので、給電位置を変えることにより給電線の同軸ケーブルの特性インピーダンスと整合させることができる。

9.3　航空援助施設用空中線

9.3.1　VHF通信用アンテナ

航空機局を通信の相手方とするVHF通信を行う航空局では、水平面内指向性が全方向性で垂直偏波の電波を発射するアンテナが用いられることが多い。

写真9.4に空港のアンテナ塔に保護ケースで覆われた1/2波長垂直ダイポールアンテナ、多段垂直ダイポール、コリニアアレー、ディスコーンアンテナなどが設置されている様子を示す。VHF/UHF帯では、小型で取り付けが容易なこともあり、用途に合わせて多種多様のアンテナが用いられている。

写真9.4　航空無線用アンテナ塔の様子

9.3.2　ディスコーンアンテナ

ディスコーンアンテナは、第9.13図に示すように同軸ケーブルの内部導体を円板に接続し、外側導体（シールド）をコーン（円錐）に接続する構造である。周波数特性が優れており、偏波面は垂直偏波である。寸法として、$D \fallingdotseq 0.25$ 波長、$L \fallingdotseq 0.4$ 波長、$\theta \fallingdotseq 60$ 度が用いられることが多いが、使用目的に応じて適切な寸法が選ばれる。特性インピーダンスが50〔Ω〕の同軸ケーブルで直接給電することができる。なお、VHF帯では、受風面積と重量を考慮して同図(b)に示すような構造にしたものが用いられている。水平面内指向性は、同図(c)に示すように全方向性である。

航空関係では、空港内の業務連絡通信の基地局に設置されていることが多い。

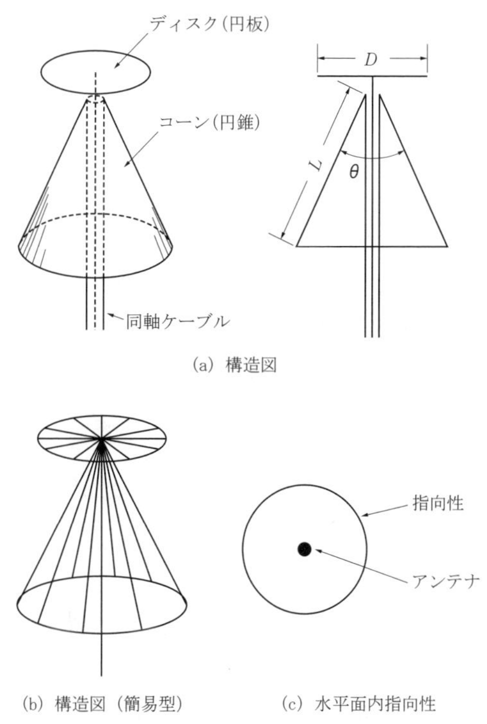

(a) 構造図

(b) 構造図（簡易型）　(c) 水平面内指向性

第9.13図　ディスコーンアンテナ

9.3.3　空港監視レーダー用アンテナ

空港周辺を監視する1次レーダーとSSR用のアンテナを写真9.5に示す。航空管制に用いられる1次レーダーのアンテナの垂直面内指向性は、大地からの反射を抑え航空機からの反射が確実に得られるように工夫されている。SSR用アンテナは、写真9.5のように1次レーダーアンテナの頭頂部に設置され、垂直ダイポールを横一列に並べたアレーアンテナである。

写真9.5　空港監視用1次レーダー及びSSRのアンテナ

9.3.4　アルホードループアンテナ

VOR地上局のアンテナとして第9.14図に示すアルホードループアンテナが用いられている。このアンテナは、長さが1/2波長の帯状導体4個を同図(a)のように折り曲げ、外側の各辺の長さを1/4波長としたものである。同図(a)に示すように給電すると矢印の方向に電流が流れる。導体板が平行している部分では、電流の大きさが等しく流れる方向が逆となり、電波は発射され

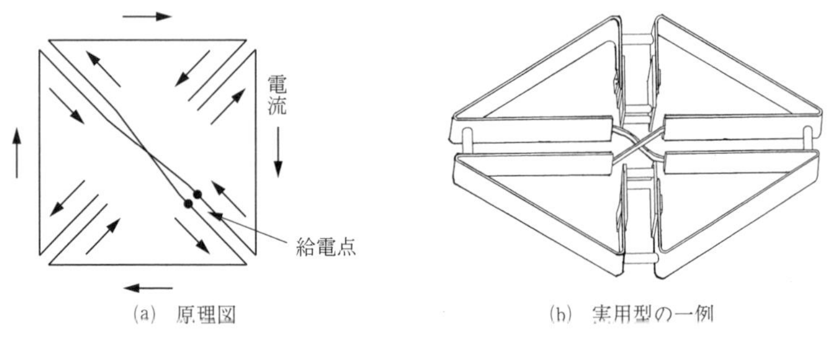

第9.14図　アルホードループアンテナ

ない。一方、各辺には概ね同じ大きさの電流が周囲に沿って流れるため、どの方向にも同じような強さの電波が発射される。

このアンテナはループ面を水平に設置した場合、**水平面内指向性は全方向性**（無指向性）で、**偏波は水平偏波**である。同図(b)に実用型アルホードループアンテナの概念図を示す。

9.4　航空機用各種空中線

9.4.1　概要

航空機用アンテナは、電波の放射特性に優れ、飛行中に受ける振動や風圧などに十分耐え、空力特性が良いことが求められる。アンテナの水平面内指向性は、レーダー関連の装置を除き、航空機の機首方位が変化しても通信や受信に支障が生じないよう全方向性（無指向性）のものが多い。

9.4.2　VHF通信用アンテナ

低速で飛行する小型機ではVHF通信用アンテナとして、ホイップアンテナが用いられることが多い。一方、大型航空機では、空力特性を考慮した写真9.6に示すブレード(Blade)型の保護カバーに収納された傾斜アンテナ（ホイップアンテナの変形）が用いられている。アンテナの**水平面内指向性は全方向性**（無指向性）である。

写真9.6　VHF通信用アンテナ

9.4.3　DME/ATCトランスポンダ用アンテナ

航空機に取り付けられるDME/ATCトランスポンダ用のアンテナは、写真9.7に示すようにブレード（Blade）型の保護カバーに収納された垂直偏波を発射する傾斜アンテナで、送受信に共用される。アンテナの水平面内指向性は全方向性（無指向性）である。

写真9.7
DME/ATCトランスポンダ用アンテナ

9.4.4　WXレーダー用アンテナ

航空機搭載WXレーダー用アンテナとして円形パラボラアンテナが用いられていたが最近の航空機は、平面板に多数のスリットを設けアレーを構成したサイドローブ特性のすぐれた写真9.8に示すようなフラットアンテナを装備していることが多い。アンテナの直径は80〔cm〕程度である。

写真9.8　フラットアンテナと回転装置

9.5　給電線及び接栓（コネクタ）

9.5.1　概要

給電線とは、アンテナで捉えられた電波のエネルギーを受信機に送るため、また、送信機で作られた高周波エネルギーをアンテナに送るために用いられる伝送線である。この給電線として同軸ケーブルが広く用いられている。また、中空導体の導波管がマイクロ波帯で用いられている。

9.5.2　同軸ケーブル

同軸ケーブルは、第9.15図に示すように内部導体を同心円上の外部導体で取り囲み、絶縁物を挟み込んだ構造である。なお、整合状態で用いられている同軸ケーブルからの電波の漏れは非常に少ない。

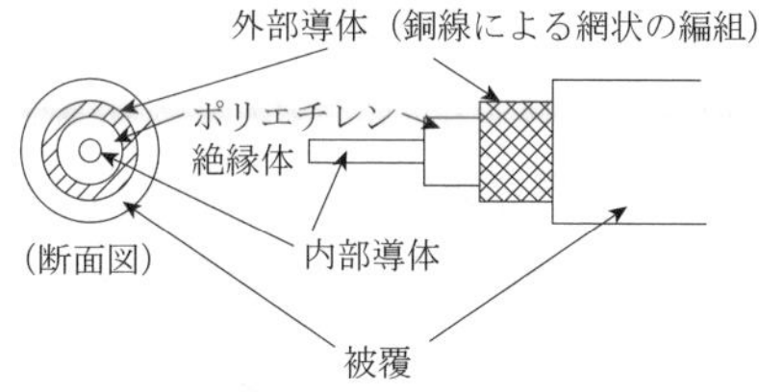

第9.15図　同軸ケーブルの構造

同軸ケーブルの高周波的な特性は、内部導体の直径と外部導体の直径及び内部導体と外部導体の間に挿入されている絶縁体（ポリエチレンなど）の種類によって異なる。なお、規格が異なる多種多様の同軸ケーブルが市販されており、使用に際しては部品番号などを確認する必要がある。また、信号の損失や位相の遅れを伴うので、決められた部品番号及び指定された長さのものを使用しなければならない。

9.5.3　平行二線式給電線

同軸ケーブルが非常に高価であった時代にHF帯やMF帯の信号を伝送するために第9.16図に示すような平行二線式給電線が用いられた。また、特性インピーダンスが200や300〔Ω〕の平行二線式ケーブルがテレビの受信用と

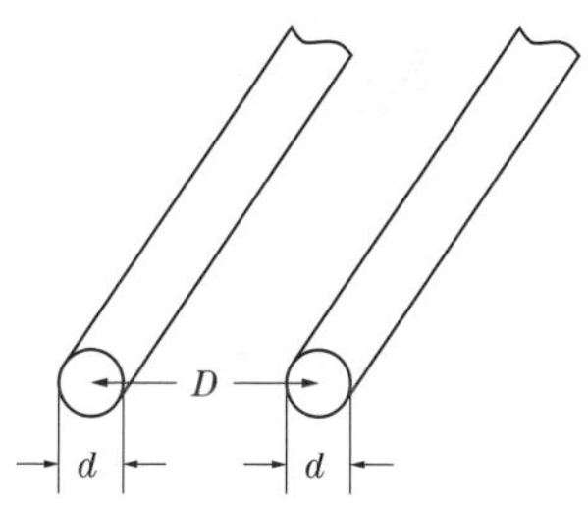

第9.16図　平行二線式の給電線

して一般家庭で用いられたことがある。現在では同軸ケーブルが主流となり、このような平行二線式給電線の使用は極めて限定的となっている。

平行二線式給電線の特性インピーダンスZ_0〔Ω〕は、線の直径をd〔mm〕、二線間の間隔をD〔mm〕とすると、次式により与えられる。

$$Z_0 = 277 \log_{10} \frac{2D}{d}$$

平行二線式給電線による給電には次のような特徴がある。

① HF帯以下の周波数では同軸ケーブルと比べて損失が少ない。

② 給電線からの電波の漏れが多い。

③ 周囲の雑音を拾いやすい。

④ 特性インピーダンスとして、200/300/600〔Ω〕のものが用いられることが多い。

9.5.4 導波管

SHF帯では給電線に同軸ケーブルを用いると損失が大きくなるので、給電線が長くなる場合やレーダーのように電力が大きい場合は、送受信機とアンテナ間の信号伝送には写真9.9に示すような中空の導体管である導波管が用いられることが多い。

写真9.9　導波管の一例

しかし、導波管は同軸ケーブルと異なり、しゃ断周波数より低い周波数の高周波エネルギーを伝送できない。

9.5.5　同軸コネクタの種類及び特性

同軸ケーブルを送受信機やアンテナに接続する際に用いられるのが同軸接栓（同軸コネクタ）である。写真9.10に示すような形状の異なる同軸コネクタが用途に応じて使い分けられる。なお、形状が異なると互換性が得られないので、送受信機やアンテナ側のコネクタの形状に合う同軸コネクタを用いる必要がある。また、同軸ケーブルの直径に適合する同軸コネクタを使用しなければならない。

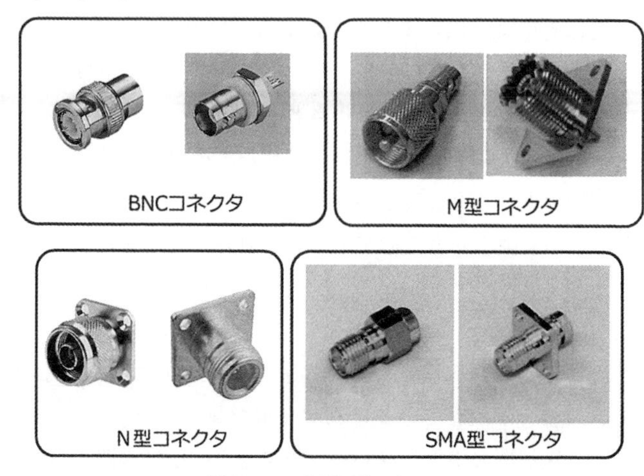

写真9.10　各種同軸コネクタ

各コネクタには使用限度の周波数帯が設定されているので、使用周波数に合ったコネクタでなければ減衰が大きくなってしまう。

例を記載すると、

①　BNCコネクタは、4〔GHz〕まで

②　N型コネクタは、10〔GHz〕帯まで

③　SMA型コネクタは、22〔GHz〕帯まで

などとなっている。

9.6 整合

9.6.1 概要

送信機の出力を給電線を用いて効率よくアンテナに伝送するためには、送信機、給電線（同軸ケーブル）、そしてアンテナのある条件を満足させなければならない。それがインピーダンス整合と呼ばれるものである。

受信の場合は、アンテナが受け取った電波の高周波エネルギーを給電線を用いて受信機に効率よく伝送する必要がある。アンテナと給電線（同軸ケーブル）を送受信に共用することが多いので、アンテナと給電線のインピーダンス整合は、送信と受信の両方に適用される。

また、ダイポールアンテナや八木アンテナなどの平衡アンテナに不平衡伝送線路である同軸ケーブルで給電する際に平衡と不平衡の変換が行われる。この平衡－不平衡変換も整合として取り扱われることが多い。

9.6.2 整合の条件

送信機の出力である高周波電力を効率よくアンテナに供給するためには、インピーダンス整合が取れていなければならない。その整合条件は、第9.17図に示すように送信機の出力インピーダンスをZ、伝送線路の特性インピーダンスをZ_0、アンテナの特性インピーダンスをRとし、伝送線路を無損失とすると、$Z=Z_0=R$が満たされることである。

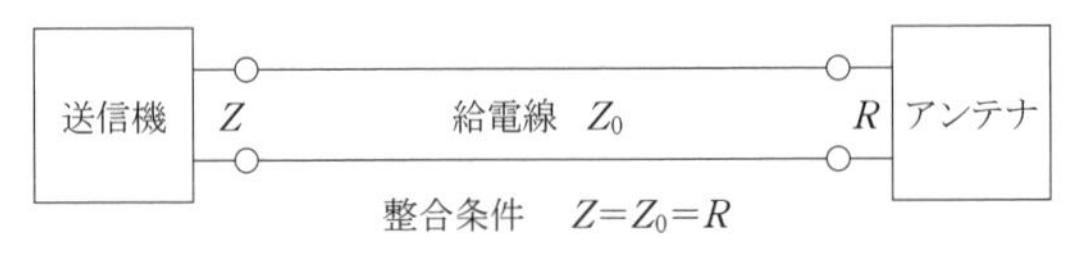

第9.17図　整合条件

9.6.3 定在波

アンテナの給電点インピーダンスと給電線の特性インピーダンスが不整合の場合は、第9.18図に示すように送信機からアンテナに供給された高周波電力の一部が送信機側に戻る**反射波**が生じる。なお、送信機からアンテナに向かうものを**進行波**という。

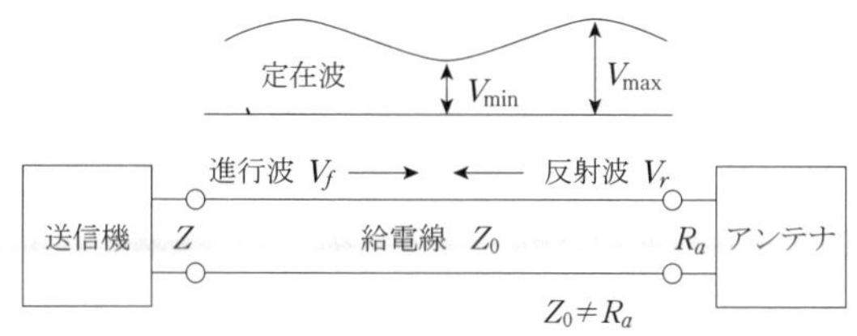

第9.18図　給電線上の進行波と反射波

給電線上の進行波と反射波は、互いに位相が合う位置では強め合い、逆位相の位置では弱くなり、給電線上に電圧の最大点と最小点を持つ波を作る。この波は最大点と最小点が給電線上で動かないので**定在波**（Standing Wave）と呼ばれる。反射波が生じると反射損が発生するので、可能な限り反射波を少なくしなければならない。当然であるが、定在波は整合が取れている場合には存在しない。

9.6.4　SWR

給電線上の定在波の状態を表すものとして **SWR**（Standing Wave Ratio：定在波比）が用いられる。SWRは、第9.18図に示す定在波の電圧の最大値をV_{max}、最小値をV_{min}、とすると次式で示される。

$$\mathrm{SWR} = \frac{V_{max}}{V_{min}}$$

SWRの最小値は、定在波が存在しない整合状態のときで「１」となる。また、SWRは電圧で定義されることから電圧を意味するVを付けてVSWRとも呼ばれている。

定在波が発生すると同軸ケーブルから電波が漏れるので電波障害の原因となる。更に、同軸ケーブル上に高周波の高電圧が発生するので危険である。また、送信機の電力増幅回路に影響を与えスプリアスを発生させることがある。

9.7　インピーダンス整合

9.7.1　概要

アンテナの給電点インピーダンスR_aと給電線の特性インピーダンスZ_0が一致していない場合は、定在波の発生を抑えるため、アンテナの給電点インピーダンスを同軸ケーブルの特性インピーダンスに合わせるインピーダンス整合が行われる。

インピーダンス整合は、第9.19図に示すようにアンテナの給電点で行われる。アンテナの特性や用途に応じて適切な方式が適用されるが、インピーダンス整合を広い周波数帯域で行うことは難しく、単一周波数での整合となることが多い。

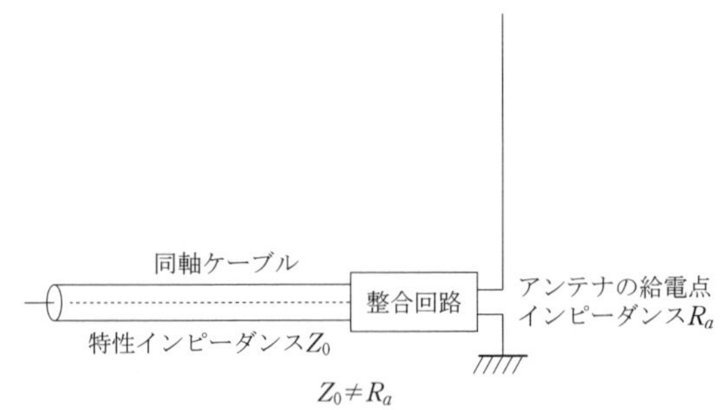

第9.19図　インピーダンス整合回路の挿入箇所

9.7.2　平衡・不平衡の変換（バラン）

ダイポールアンテナや八木アンテナのような平衡型アンテナに、不平衡伝送路である同軸ケーブルで給電すると、同軸の外側導体（シールド）に電流が流れ込み、アンテナの放射特性などが影響を受ける。

また、この外部導体を流れる電流により同軸ケーブルから電波が発射されることがある。

この不都合を解決する方法の一つとして、第9.20図に示すような平衡－不平衡の変換器であるバラン（Balun：Balance to unbalance）が用いられる。

各種のバランが考案されているが、広帯域トランスを利用するものは、コイルの巻き方などによりインピーダンスを変換することもでき、VHF帯を上限として利用されている。なお、バランの選定に際しては、周波数帯幅と許容電力を確認する必要がある。

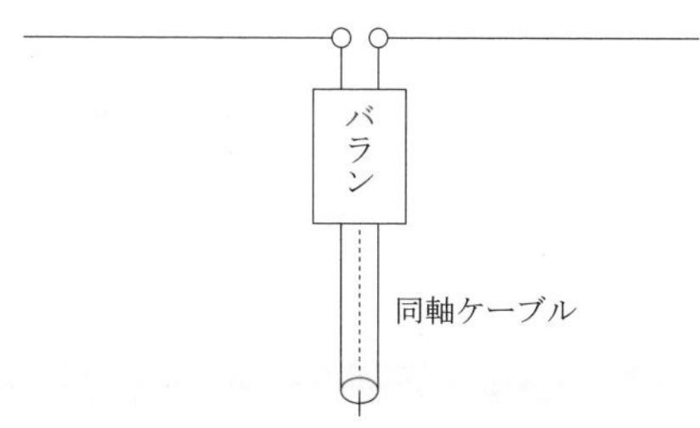

第9.20図　バランによる給電

第10章　電波伝搬

10.1　概要

アンテナから放射された電波が空間を伝わる際に受ける影響は、周波数と電波の伝わる環境によって大きく異なる。

HF帯（短波）の電波は、第10.1図に示すように地球の上空に存在する**電離層**で反射され遠くまで伝わる。しかし、電離層の状態が時々刻々変化するので電離層反射波を利用する通信は、不安定で信頼性が低い。

一方、VHF/UHF帯（超短波／極超短波）の電波は、同図に示すように電離層を突き抜け、地上に戻ってこない。VHF/UHF帯の電波が伝わる範囲は、アンテナが見通せる距離を少し越える程度であり、アンテナの高さや伝搬路の状態によって異なる。なお、VHF/UHF帯の電波は、対流圏内で

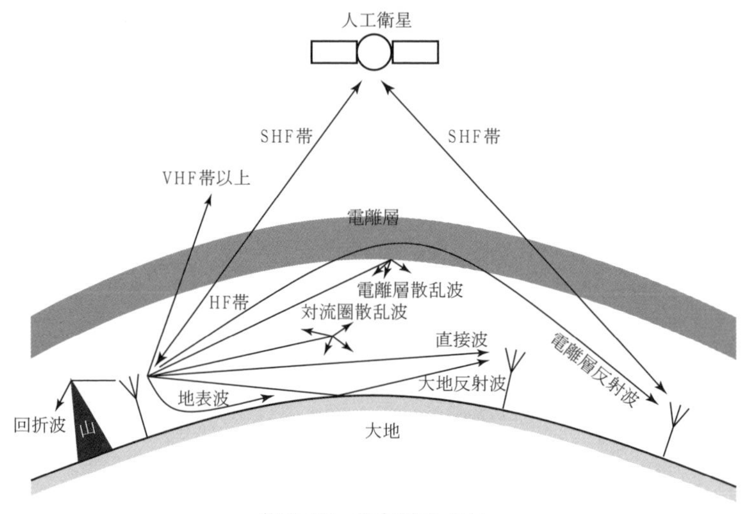

第10.1図　電波の伝わり方

メ モ

の気象（気圧、気温、湿度）の異常やスポラジックＥ層（Es層）が発生すると、見通し距離を越えて伝わる。

人工衛星による中継やGPSを利用する場合は、電離層を突き抜ける周波数が用いられる。

10.2　MF/HF帯の電波の伝わり方

10.2.1　MF帯の電波の伝わり方

(1)　基本伝搬

MF（中波）帯では、昼間は電離層反射波を利用できないので、地表波（地表に沿って伝わる波）が主体となる。

(2)　異常伝搬

夜間になると、電離層の状態が変わり、電離層で反射された電波が地上に戻るので遠距離にまで伝わる。例えば、夜間に500〔km〕～1000〔km〕離れた場所の中波のラジオ放送が聞こえるのは、このためである。

10.2.2　HF帯の電波の伝わり方

(1)　基本伝搬

HF（短波）帯では地表波の減衰が大きいので、電離層波が主体となる。電離層波は、第10.2図に示すように電離層と大地の間を反射して遠くまで伝わる。しかし、HF帯電波の伝搬では、地表波も電離層反射波も届かない不感地帯が生じる。

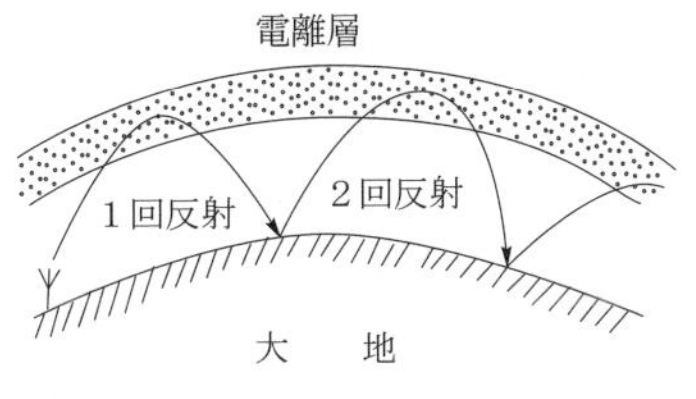

第10.2図　HF帯の電波の伝わり方

(2) 異常伝搬

HF帯の電波を用いる通信や放送は電離層の状況により電波の伝わり方が時々刻々変化するので、不安定で信頼性が低い。

特に、受信に際して、受信音の強弱やひずみを生じるフェージングと呼ばれる現象がしばしば発生する。このフェージングは、主に電離層の状態が時々刻々変化することに起因する。また、地上波と電離層反射波など複数の異なった伝搬経路を通ってきた電波の干渉などによっても生じる。

さらに、太陽の活動の異常によって電離層が乱されると、HF帯の電波は電離層で吸収され、反射されなくなることがある。

10.3 VHF/UHF帯の電波の伝わり方

10.3.1 基本伝搬

VHF/UHF（超短波/極超短波）帯の電波は、電離層を突き抜けるので伝わる範囲が後述する電波の見通し距離に限定される。このため、VHF帯より高い周波数帯では、アンテナを高い所に設置すると電波は遠くまで伝わる。また、VHF/UHF帯の地表波は、送信地点の近くで減衰するので通信に使用できない。

一般に、VHF/UHF帯では、第10.3図に示すように送信アンテナから放射された電波が直進して直接受信点に達する**直接波**と地表面で反射して受信点に達する**大地反射波**の合成波が受信される。しかし、直接波より反射波が

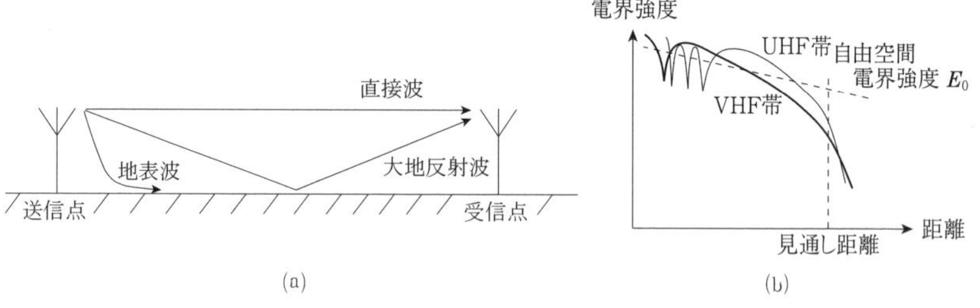

第10.3図　VHF/UHF帯の電波の伝わり方

時間的に遅れて到達するので、直接波と大地反射波が干渉することがある。

10.3.2　異常伝搬

VHF/UHF帯の電波は、山やビルなどで遮断され、電波の見通し距離内であっても、その先へ伝搬しない。しかし、山やビル（建物）などで反射されることで**多重伝搬経路**（マルチパス）が形成され、**遅延波**が発生する。また、春から夏にかけて時々発生する電離層の**スポラジックE層**（Es層）で反射され電波の見通し距離外へ伝わることがある。更に、上空の温度の異常（逆転層）などにより大気の屈折率が通常と異なることで生じる**ラジオダクト**内を伝搬し、第10.4図のように電波の見通し距離外へ伝わることがある。

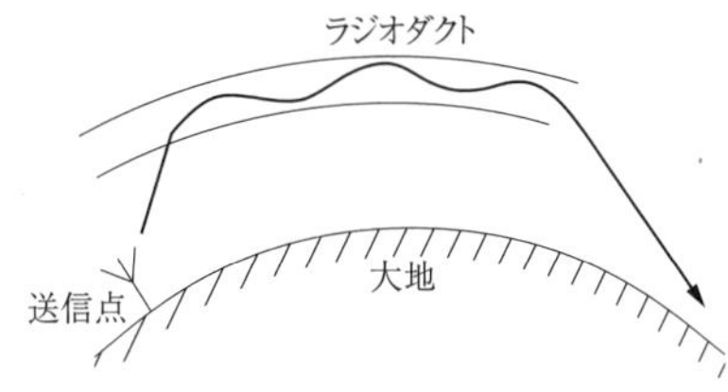

第10.4図　ラジオダクトによる伝搬

なお、VHF帯以上の電波は見通し外では急激に弱くなるが第10.5図に示すように２地点間に山岳があると**回折現象**によって強く受信されることがある。

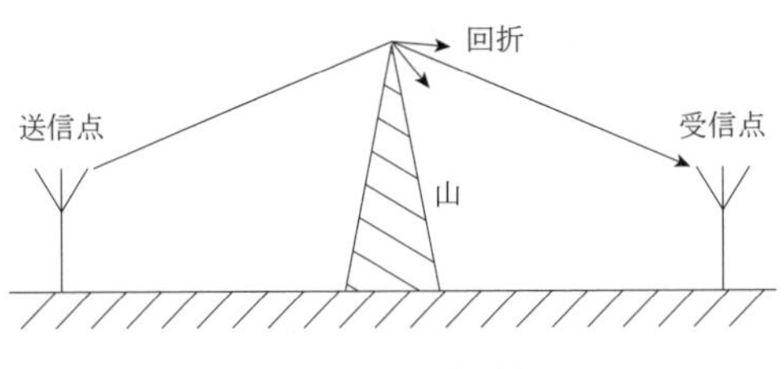

第10.5図　山岳回折

10.3.3 特徴

VHF/UHF帯の電波の伝搬には、次のような特徴がある。

① 直接波は、電波の見通し距離内の伝搬に限定される。

② 地表波は、送信地点の近くで減衰する。

③ 大地や建物などで反射されマルチパス波が生じる。

④ 市街地では直接波とマルチパス波の合成波が受信されることが多い。

⑤ スポラジックE層を除き電離層を突き抜ける。

⑥ VHF帯の電波はスポラジックE層やラジオダクトによる異常伝搬で見通し距離外へ伝搬することがある。なお、UHF帯の電波はラジオダクトの影響を受け異常伝搬する。

⑦ ビルなどの建物内に入ると大きく減衰する。

10.4 SHF帯の電波の伝わり方

10.4.1 基本伝搬

SHF帯では、送信アンテナから受信アンテナに直接伝わる直接波による伝搬が主体である。SHF帯の電波は、電離層を突き抜けるので、電波の見通し距離内での伝搬となる。また、地表波も送信点の近くで減衰するので通信に利用できない。

この周波数帯では、VHF/UHF帯と同様に送受信アンテナを高いところに架設すると、見通せる距離が伸びるので電波が遠くまで伝わる。

10.4.2 異常伝搬

SHF帯の電波は、次のような異常伝搬によって伝わることがある。

① 複数の経路を経て受信点に到達する多重伝搬。

② ラジオダクトによる見通し外伝搬。

③ 山岳回折による見通し外伝搬。

④ 10〔GHz〕を超えると雨滴による減衰を受けやすくなる。

10.4.3　特徴

SHF帯電波の伝搬には、VHF/UHF帯の電波と比べて次のような特徴がある。

① 電波の伝わる際の直進性がより顕著である。
② 伝搬距離に対する損失（伝搬損失）が大きい。
③ 建物の内部などに入ると大きく減衰する。
④ 雨滴減衰を受けやすい。
⑤ 長距離回線は、大気の影響などにより受信レベルが変動しやすい。

10.5　対流圏スキャッタ伝搬
（Troposphere Scatter Propagation）

大気中の空気の乱れなどによって第10.6図に示すようにVHF/UHF帯の電波が散乱（スキャッタ）し、散乱波として伝わることがある。これを対流圏スキャッタ伝搬と呼んでいる。

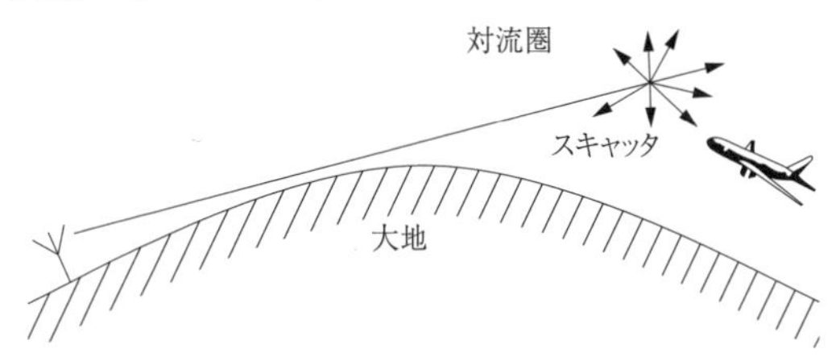

第10.6図　対流圏スキャッタ伝搬

電波見通し距離を越える特定の空域を飛行する航空機との通信は、対流圏スキャッタ伝搬を利用する遠距離用VHF（ER-VHF）によって行われている。通常、高度1万メートルを飛行する航空機のVHF無線電話の覆域は400〔km〕程度であるが、対流圏スキャッタ伝搬を利用するER-VHFの覆域は600〔km〕程度まで拡大される。

ER-VHF通信は、見通しの良い高台に設置された高利得の指向性アンテナ、大電力送信機、高感度受信機などを用いて行われる。

10.6　電波の見通し距離

一般に、VHF帯以上の電波を使用する通信のサービス範囲（カバレージ）は、電波の見通し距離内に限定され、アンテナの高さに大きく依存することになる。この理由は地球の地表面が湾曲しているためである。また電波は地表面の大気によって少し屈折するので幾何的な見通し距離より少し遠くまで伝わる。この距離を電波の見通し距離という。

VHF帯電波を使用する航空移動体通信の一般的な有効通達距離は、航空機の飛行高度に大きく依存することになる。

ここで、高度10,000〔m〕を飛行する航空機の電波の見通し距離を求める。飛行高度をh_a〔m〕、地上局の空中線の高さをh_g〔m〕とすると、概略値としての電波の見通し距離d〔km〕は、$h_a = 10{,}000$〔m〕、$h_g = 16$〔m〕を次の式に代入することで求められる。

$$d = 4.12 \times \left(\sqrt{h_a} + \sqrt{h_g}\right) = 4.12 \times \left(\sqrt{10000} + \sqrt{16}\right) \fallingdotseq 428.5 \text{〔km〕}$$

このように、航空機局の電波の見通し距離は、飛行高度によって異なる。

第11章　混信等

11.1　混信の種類

無線通信では、他の無線局の発射する電波により通信が妨害されることがある。混信の主な原因として次のようなものが考えられる。

① 技術基準不適合

電波の質が技術基準を満たしていない電波は、不要な周波数成分を含むことが多いので、通信や放送の受信に障害を与える可能性がある。

② 不法無線局の運用

不法無線局は正規の無線装置を使用せず、周波数割り当てもなく不正に運用されるので、その運用によって混信や干渉が発生する可能性がある。

③ 受信周波数近傍の強力な信号

近接周波数の信号に対する受信機の選択能力が低いので、受信周波数近傍の強力な信号によって混信や干渉が起きることがある。

④ 電波の異常伝搬

スポラジックE層（Es層）やラジオダクトが発生すると、電波が通常の到達範囲を超えて伝わるので、混信や干渉が起きることがある。

⑤ 受信機の性能不良

受信機の動作原理や非線形性などにより特定の周波数の信号によって混信や干渉が起きることがある。

11.2　一般的な対策

混信や干渉障害は、発生原因や状況により異なるが次のような対策によっ

メ モ ________________

て軽減できることが多い。しかし、完全に取り除くことは難しい。

① 受信機の入力段へのフィルタや同調回路の挿入

② 多信号特性（複数の信号に対する特性）や選択度特性の良い受信機の使用

③ 送信電力の最適値化（必要最低限とする）

④ 不必要な無線通信の抑制

⑤ 指向性アンテナの利用

⑥ アンテナの位置や無線局の設置場所の適正化

11.3 混変調と相互変調

11.3.1 混変調（Cross Modulation）による混信

希望する電波を受信している時、変調された強力な電波（妨害波）が混入すると、受信機の非直線性のために、妨害波の変調信号によって希望波が変調を受ける現象を混変調という。

混変調が最も発生しやすいのは、普通の受信機の場合、高周波増幅器やミクサである。また、混変調は、大電力の送信所の近くに設置された受信機内で発生しやすい。

11.3.2 相互変調（Inter Modulation）による混信

希望する電波を受信している時、二つ以上の強力な電波が混入し、受信機の非直線性によって受信機内で合成された周波数が受信周波数に合致したときに生じる混信は、**相互変調**によるものであることが多い。

例えば、二つの妨害波が同時にミクサのような非直線回路に入ると、相互変調によってミクサの出力にはこれらの周波数あるいは、その高調波どうしの和と差の周波数の混合波が無数に発生する。これらの周波数が受信周波数に合致したとき、混信妨害を受けることになる。

相互変調は、等しい間隔で周波数が割り当てられた複数の無線局が近接して設置されているときに発生しやすい。

11.3.3　対策

① 受信機初段に選択度特性の優れたBPFを挿入し、非希望波を抑圧する。
② 特定の周波数による妨害には、受信機の入力回路に当該周波数のトラップ（特定の周波数の信号のみを減衰させるもの）を挿入する。
③ 直線性の良い素子や回路を用いる。

11.4　感度抑圧効果

感度抑圧効果は、受信機において近接周波数の強力な非希望波によって希望波の出力レベルが低下する現象である。これは強力な非希望波によって受信機の高周波増幅回路やミクサが飽和し、増幅度が下がるために生じるものである。

感度抑圧対策として、次のような手法が用いられることが多い。

① 高周波増幅回路の利得は、S/Nを確保できる範囲で必要最小の値とすること。
② 各段のレベル配分の適正化により飽和を防ぐこと。
③ 飽和に強い増幅回路やミクサを用いること。
④ 高選択度特性の同調回路やBPFを受信機の入力端に挿入し、非希望波のレベルを抑圧すること。

11.5　影像周波数混信

スーパヘテロダイン方式の受信機（受信周波数を中間周波数（IF）に変換して増幅し復調する方式）において、その動作原理から避けられない現象として発生するのが影像周波数混信である。

すなわち、受信周波数±2×中間周波数（IF）を影像周波数と呼び、この影像周波数の信号は、周波数変換により目的の周波数の信号と同じように中間周波数（IF）に変換されるので混信を起こすことになる。

例えば、受信周波数を100〔MHz〕、中間周波数を10〔MHz〕、局部発振周波数を90〔MHz〕とすると、影像周波数は80〔MHz〕である。したがって80〔MHz〕の信号が受信機に加わると妨害となる。また、局部発振周波数を110〔MHz〕とした場合の影像周波数は120〔MHz〕である。

受信機の影像周波数混信対策として、次のような手法が用いられることが多い。

① 入力回路などに急峻な同調回路を設けること。

② 中間周波数を高く選ぶこと。

③ 特定の周波数の場合には、入力回路にトラップを挿入すること。

④ 指向性アンテナの利用により、その影響を軽減すること。

11.6 スプリアス発射

11.6.1 概要

無線通信装置のアンテナから発射される電波には、スプリアスと呼ばれる必要周波数帯域外の不要な成分が含まれている。スプリアスは、本来の情報伝送に影響を与えずに低減できるものを意味することが多く、変調の過程で生成される必要周波数帯に近接する周波数成分と区別されている。

主なスプリアスには次のようなものがある。

① 低　調　波……送信周波数の整数分の１の不要波

② 高　調　波……送信周波数の整数倍の不要波

③ 寄 生 発 射……低・高調波以外の不要波

④ 相互変調積……二つ以上の信号によって生成される不要な成分

スプリアスの発射は、他の無線局が行っている通信に妨害を与える可能性があり、そのレベルは、少なくとも許容値内で、更に可能な限り小さな値にしなければならない。

11.6.2　原因と対策

スプリアスの原因と対策は次のとおりである。

① 振幅ひずみ

・原因：増幅器などの振幅ひずみ（出力信号の波形が入力信号の波形と異なる）による高調波の発生。

・対策：直線性の良い増幅器やトランジスタなどを用い、更に各増幅回路の利得配分を適正化する。

② 周波数生成回路の不良

・原因：ミクサや逓倍回路など周波数を生成する過程における不適切な周波数の組み合わせ、回路の調整不良、不要成分の抑圧不足。

・対策：VCO、ミクサ、逓倍回路、周波数シンセサイザなどを適切に配置し、シールドを厳重に行い、各回路を正しく動作させ、フィルタを正しく調整して不要波のレベルを抑える。

③ フィルタの特性不良

・原因：不要波などを抑圧するために用いるフィルタの特性不良または調整不良。

・対策：正しく設計されたフィルタを適切に配置し、正しく調整して不要波のレベルを抑える。

④ 発振器の不良

・原因：水晶発振器や周波数シンセサイザの動作不良。

・対策：発振回路、ミクサ、増幅器などを適切に動作させ、不要波の発生を少なくし、更に適切なフィルタにより不要波の強さを抑える。

⑤ 電力増幅器の異常発振

・原因：電力増幅に伴う異常発振。

・対策：入力と出力が結合しないように遮蔽（シールド）を十分に行う。部品を適切に配置し結合を防ぐ。高周波的なアース（接地）を確実に行う。適切な高周波チョークやバイパスコンデンサを用いる。

⑥ アンテナと給電線の不整合

・原因：不整合により送信機に戻った反射波によって送信機の電力増幅回路が不安定になることで起きる異常発振。

・対策：アンテナと給電線の整合を適切に行う。

11.7　外部雑音及びそれらの対策

11.7.1　概要

一般に受信機は、各種の電気設備、機械器具から発生する外部雑音（以下「人工雑音」という。）によって妨害を受けることがある。

雑音源としては、高周波ミシン、高周波加熱装置、送電線、自動車、発電機、インバータ、電気ドリル、電気医療器、蛍光灯、ネオンサインなど数多く存在する。また、給電線のコネクタのゆるみによる接触不良が雑音を発生させることもある。

これらの雑音は、直接空間に放射されたり、あるいは電源などの配線に沿って伝わったり、種々複雑な経路を経て受信機に妨害を与える。

FM受信機は、これらの雑音の影響を受けにくい性質をもっているが、受信する電波に比べ強力な雑音が加われば、かなり妨害を受ける。

この雑音対策としては、原因を調べて、雑音が発生しないように処置することが望ましいが、実際には、外部からの雑音の発生源を究明することは困難である。

11.7.2　対策

これらの雑音への対策として、次に述べる方法が用いられることが多い。

① 送受信機のきょう体の接地を完全にすること。

② 電源の配線に沿って伝導してくる雑音を防止するには、第11.1図に示すような C または L と C を組み合わせた**雑音防止器**（フィルタ）を電源回路に挿入する。

③ 近くの送電線などによって雑音が発生しているような場合は、アンテナ

を雑音源から遠ざけて雑音が入らない場所に移す。

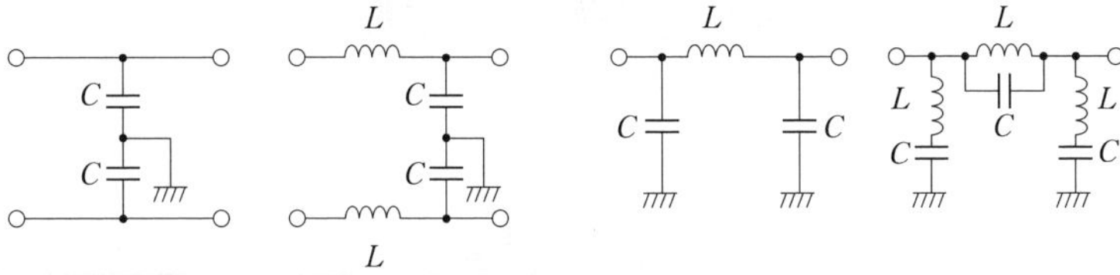

第11.1図　防止器の例

第12章　電源

12.1　概要

無線通信装置に用いられている電子部品は、直流（DC）で動作するものが大部分である。また、動作に必要な電圧は、回路や部品の種類などによって異なり、多種多様である。これらに必要な電力を供給するのが電源装置である。電源装置は、供給する電圧や電流が安定で、かつ、安全でなければならない。なお、必要に応じて電源電圧のDC24〔V〕をDC12〔V〕に、逆にDC12〔V〕をDC24〔V〕に変えるDC-DCコンバータが用いられる。また、DCをACに変換するインバータを備える航空機やヘリコプターもある。

12.2　電源供給方式

航空機における主電源としては、一般に大型航空機では３相交流400〔Hz〕、115/200〔V〕、小型航空機では直流14〔V〕または28〔V〕である。

小型航空機、ヘリコプター等の電源供給方式は第12.1図(a)に示すような直流電源方式であることが多い。

大型航空機では、飛行中の電源供給は主エンジンの交流発電機から行われ、空港内で主エンジンの停止中は補助動力駆動交流発電機からの供給または空港内駐機場の地上電源受電端子から電源が供給される交流方式であることが多い。第12.1図(b)にその系統図を示す。

メモ

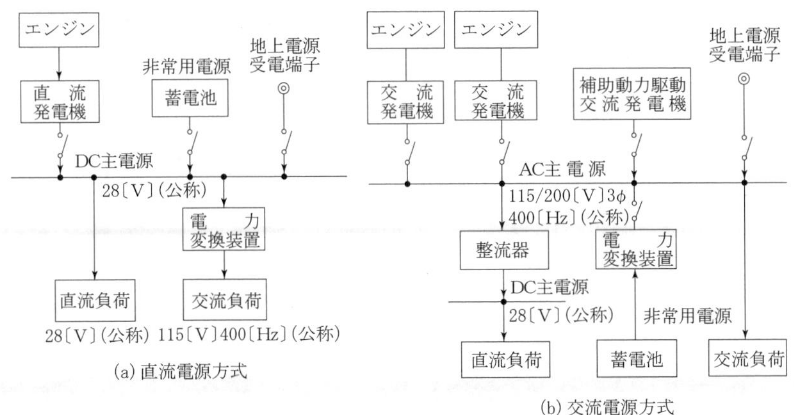

第12.1図　航空機の電源系統

12.3　電源回路

12.3.1　概要

直流電源（DC電源）装置は、第12.2図に示す構成概念図のように交流（AC）をトランスで所望電圧に変換した後に整流回路、平滑回路、安定化回路を用いて安定な直流（DC）電力を供給する装置である。

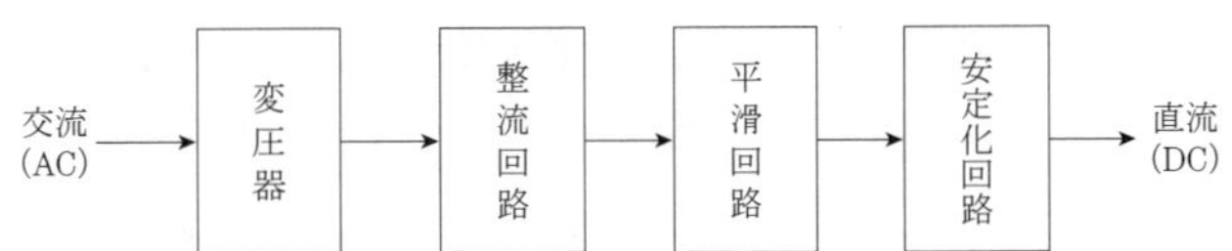

第12.2図　直流電流（DC電源）装置の構成概念図

12.3.2　整流回路

整流回路は、交流（AC）から直流（DC）を作るときに、第12.3図(a)に示すようにダイオードの整流作用（順方向の電流は流すが逆方向の電流は流さない）を利用して一方向に流れる電流のみを取り出す働きをする。しかし、この整流回路の出力は、同図(b)に示すように交流成分が残留した脈流であり、無線装置などを動作させるには不適当である。無線機器や電子機器を適切に動作させるには、この脈流を可能な限り直流に近づける必要がある。

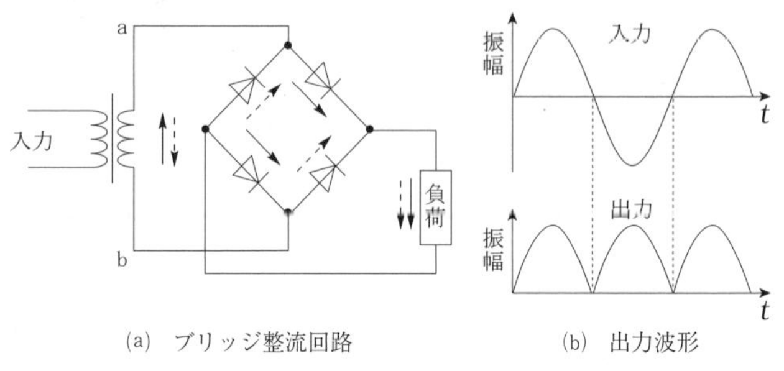

(a) ブリッジ整流回路　　(b) 出力波形

第12.3図　整流回路

12.3.3 平滑回路

平滑回路は、脈流を含んだ不完全な直流をできるだけ完全な直流にするための回路であり、整流回路から出力された脈流を直流に近づけるため、第12.4図(a)に示すようなコンデンサCと低周波コイルL（低い周波数の信号に対して抵抗をもつ）から成る平滑回路が用いられる。平滑回路のコンデンサは、低周波コイルを通して整流回路の出力電圧の最大値で充電される。そして、このコンデンサに蓄えられた電力は、出力電圧が下がると放電される。この結果、完全な直流ではないが、同図(b)に示すような出力が得られる。出力の滑らかさは、LとCの値や負荷に流れる電流の値によって異なる。

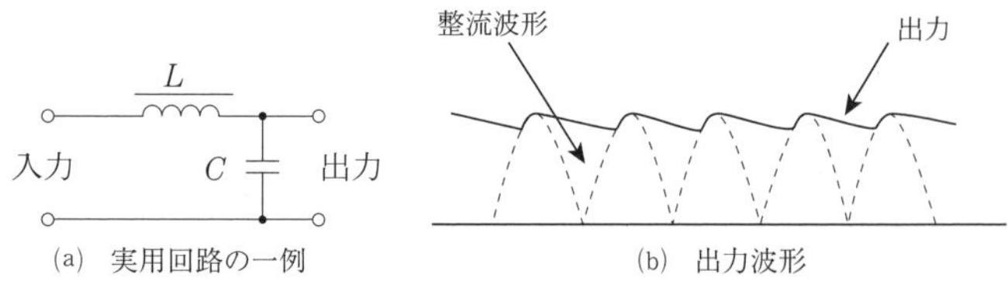

(a) 実用回路の一例　　(b) 出力波形

第12.4図　平滑回路

12.4　電池（バッテリ）

12.4.1　概要と種類

化学的エネルギーを電気的エネルギーとして外部に取り出すことができる電源装置を電池という。電池は一次電池と二次電池に区別されており、携帯用ラジオや懐中電灯などで使用されている乾電池のように、電気的エネルギーを消費してしまうと、それで使えなくなってしまう電池が一次電池である。二次電池は、繰り返し電気的エネルギーを蓄えたり、消費したりすることができる電池である。

二次電池にもいろいろな種類があるが、基本的にはどれも電解液の中に異なった２種類の金属を入れて、電解液と金属の間に生じる化学反応によって起電力を得るものである。

また、最近の無線機の小型軽量化に対応し、高性能電池の開発が進み小型でエネルギー密度の高いリチウムイオン電池やニッケル水素電池が普及してきている。

12.4.2　アルカリ電池

(1)　概要

アルカリ電池は、第12.5図に示すように、エボナイトまたは合成樹脂の電槽内に電解液としてアルカリ性溶液を入れ、正極板に水酸化ニッケル及び負極板にカドミウムを使用し、その間にエボナイトの多孔板または合成繊維の隔離板を設けた構造である。鉛蓄電池に比べて電圧が低く（公称電圧：1.2〔V〕）高価である。

(2)　取扱方法と充放電

この電池は、次のような特徴があり、航空機では広く使われている。

① 大電流での放電が可能で、低温特性に優れ、寿命が長い。

② 完全に放電しても性能の低下が起こりにくく、保守が容易である。

③　電解液がアルカリ性であるので金属を腐食させない。

なお、アルカリ電池にはいろいろな種類があるので、取扱上の注意などは、その電池の取扱説明書によること。

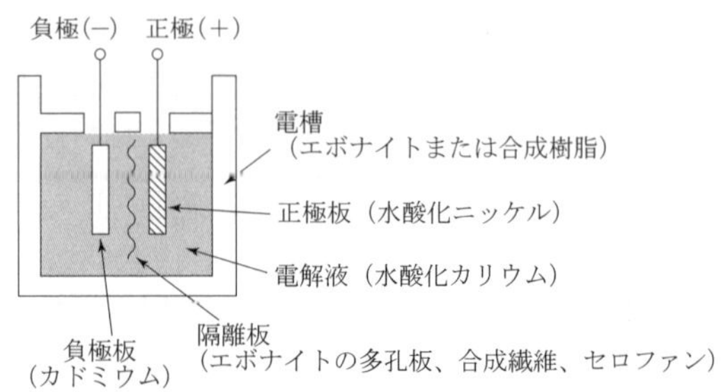

第12.5図　アルカリ電池の構造

12.4.3　鉛蓄電池

(1)　概要

鉛蓄電池は、第12.6図に示すように希硫酸の電解液、プラス電極の二酸化鉛、マイナス電極の鉛、隔離板などで構成され、電極間に発生する起電力は約2〔V〕である。

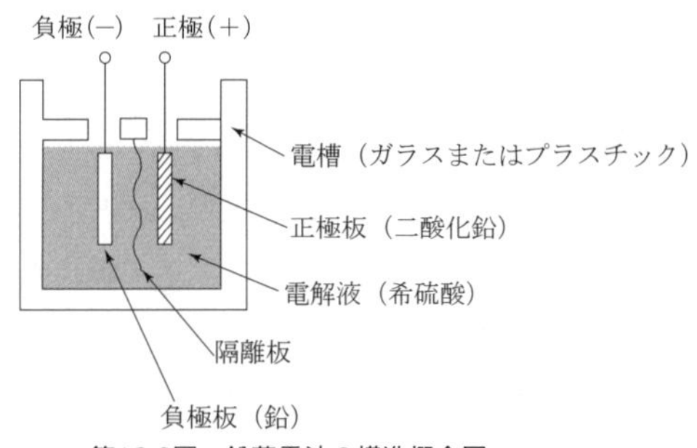

第12.6図　鉛蓄電池の構造概念図

このユニットを6個直列に接続して12〔V〕としたものが多く使用されている。なお、無線局では取扱が簡単で電解液の補給が不用であるシール鉛蓄電池（メンテナンスフリー電池）を備えることが多い。

(2)　取扱方法と充放電

鉛蓄電池を取り扱う際の注意事項は次のとおりである。

① 使用後は直ちに充電完了状態に回復させること。

② 全く使用しないときでも、月に1回程度は充電すること。

③ 充電は規定電流で規定時間行うこと。

12.4.4 リチウムイオン電池

(1) 概要

リチウムイオン電池は小型で取扱いが簡単なことから携帯型のトランシーバ、携帯電話、無線局の非常用電源、ノート型パソコンなどで広く用いられている。

リチウムイオン電池は、プラス電極にコバルト酸リチウム、マイナス電極に黒鉛を用いている。電解液はリチウム塩を溶質とした溶液である。1ユニットの電圧は3.7〔V〕でニッカドや鉛蓄電池より高い。更に、エネルギー密度が高い特徴をもっている。

(2) 取扱方法と充放電

リチウムイオン電池は、金属に対する腐食性の強い電解液を用いており、更に発火、発熱、破裂の可能性があるので製造会社の取扱説明書に従って取扱う必要がある。主な注意点は次のとおりである。

① 電池をショート（短絡）させないこと。

② 火の中に入れないこと。

③ 直接ハンダ付けをしないこと。

④ 高温や多湿状態で使用しないこと。

⑤ 逆接続しないこと。

⑥ 充電は規定電流で規定時間行うこと。

⑦ 過充電、過放電をしないこと。

12.4.5 容量

一般に、電池の容量は、一定の電流値〔A〕で放電させたときに放電終止電圧になるまで放電できる電気量のことである。この一定の放電電流〔A〕と放電終止電圧になるまでの時間〔h〕の積をアンペア時容量と呼び、時間率で示される。

例えば、完全に充電された状態の100〔Ah〕の電池の場合、10時間率で示される電池から取り出せる容量の目安となる電流値は、およそ10〔A〕である。なお、時間率として、3時間率、5時間率、10時間率、20時間率などが用いられているが航空機では5時間率が用いられることが多い。

同じ容量の電池であっても大電流で放電すると取り出し得る容量は小さくなる。

12.4.6　接続方法

電池の接続方法には第12.7図に示すような直列接続と第12.8図に示すような並列接続がある。

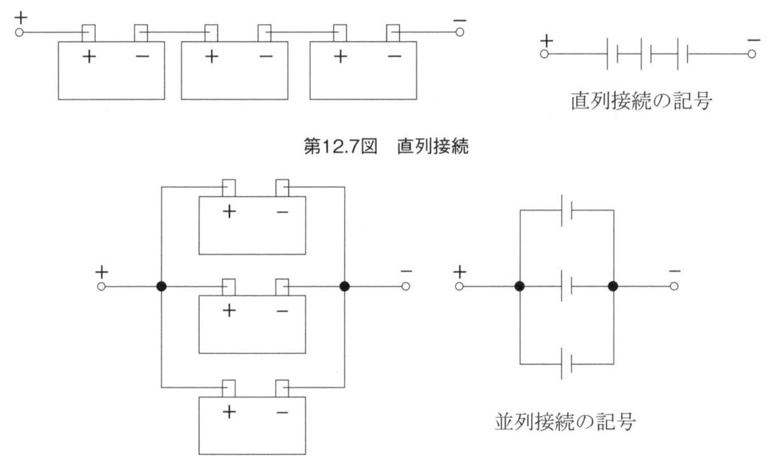

第12.7図　直列接続

第12.8図　並列接続

(1)　直列接続

直列接続した場合の合成電圧は、各電池電圧の和となる。しかし、合成容量は1個の場合と同じである。例えば、1個12〔V〕、10〔Ah〕の電池を3

個直列に接続すると、次のようになる。

合成電圧＝12＋12＋12＝36〔V〕

合成容量＝10〔Ah〕

直列接続は高い電圧が必要なときに用いられるが、規格が違う電池や同じ規格の電池であっても充電の状態や経年劣化の状態が異なる電池を直列接続することは、避けるべきである。

(2)　並列接続

並列接続した場合の合成電圧は、1個の場合と同じである。しかし、合成容量は各電池容量の和となる。例えば、1個12〔V〕、10〔Ah〕の電池を3個並列に接続すると、

合成電圧＝12〔V〕

合成容量＝10＋10＋10＝30〔Ah〕

となり、大電流が必要な場合や長時間使用する場合に用いられる。ただし、注意点として、電圧の異なる電池を並列接続してはならない。また、同じ規格の電池であっても、充電の状態や経年劣化の状態が異なる電池を並列接続することは好ましくない。

12.5　浮動充電方式

浮動充電方式は、第12.9図に示すように直流（DC）を無線通信装置などに供給しながら同時に少電流で電池を充電し、停電時には電池から必要な電力を供給するものである。更に、負荷電流が一時的に大きくなったときは、DC電源と電池の両方で負担されるので負荷の変動に強い電源である。

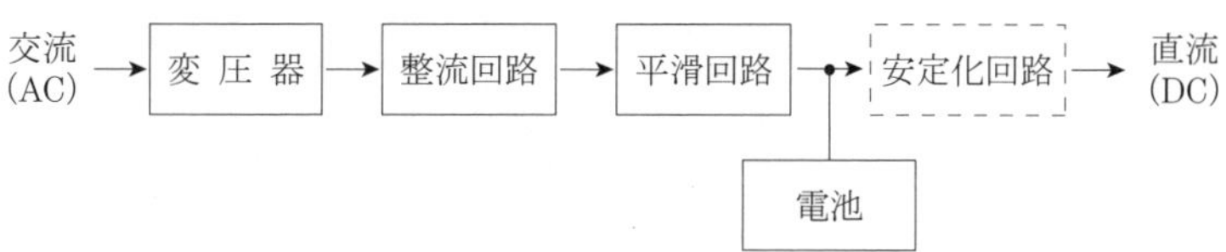

第12.9図　浮動充電方式

第13章　測定

13.1　概要

無線通信装置の機能確認や電波法に基づく無線局の検査は、精度が保証された適切な測定器を用いて行われる。測定器には多くの種類があり用途に応じて使い分けられている。例えば、電圧計や電流計には直流（DC）用と交流（AC）用がある。更に、測定器には使用可能な範囲（電圧、電流、周波数など）がある。加えて、測定器を接続することで、被測定回路や装置が影響を受けない方法で測定しなければならない。

誤った測定法は、誤差を生むだけでなく無線通信装置や測定器を壊す可能性がある。また、測定者も危険であるので、測定器の正しい使用法を習得することが求められる。

13.2　指示計器と図記号

電池や整流器の電圧、電流、トランジスタの電圧、電流、アンテナの電流などを測定し、それらが正常な動作状態にあるかどうかを調べるには指示計器（メータ）が必要である。

主な指示計器の種類及びその図記号は次のとおりで、測定する電流、電圧の区別のほか、測定する量に見合った計器を使用しなければならない。

メ モ

③　交流電圧計　Ⓥ（V~）　（mV~）

④　高周波電流計　（A）　（mA）

13.3　測定と取扱説明書

定例的な保守点検業務における測定は、無線通信装置の取扱説明書（マニュアル）や無線局の整備基準書などに従って実施されることが多い。取扱説明書に記載されている項目の一例を紹介する。

①　諸注意や危険性、安全措置の実施方法
②　定期的に実施すべき測定項目
③　必要な測定器の種類と規格
④　測定方法
⑤　測定を行う時期
⑥　測定結果に対する許容範囲

13.4　測定器の種類及び構造

13.4.1　概要

無線局の保守点検は、性能や特性を定量的に測ることができる測定器を用いて行われる。ここでは、電圧や電流及び抵抗値などを測定できる多機能なデジタルマルチメータ、送信機の出力電力を測定するときに用いられる高周波電力計、周波数が正確な信号を正確な信号レベルで提供する標準信号発生器について簡単に述べる。

13.4.2　デジタルマルチメータ

(1)　概要

デジタルマルチメータは、極めて測定精度が良く、更に測定結果がデジタル表示されるため、測定者による読み取り誤差がなく、機能と範囲を選択することで直流電圧、直流電流、交流電圧、抵抗値、周波数（上限１～２〔MHz〕程度)、コンデンサの容量などが測れる多機能な測定器である。

(2)　構成

デジタルマルチメータは、第13.1図に示す構成概念図のように入力変換部とデジタル直流電圧計などから成る。

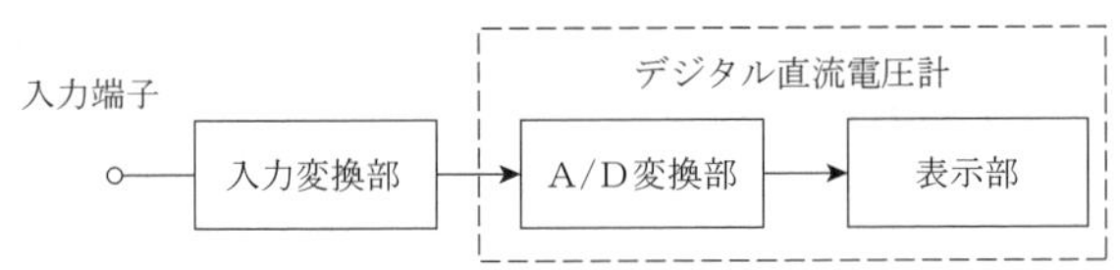

第13.1図　デジタルマルチメータの構成概念図

携帯型デジタルマルチメータの一例を写真13.1に示す。

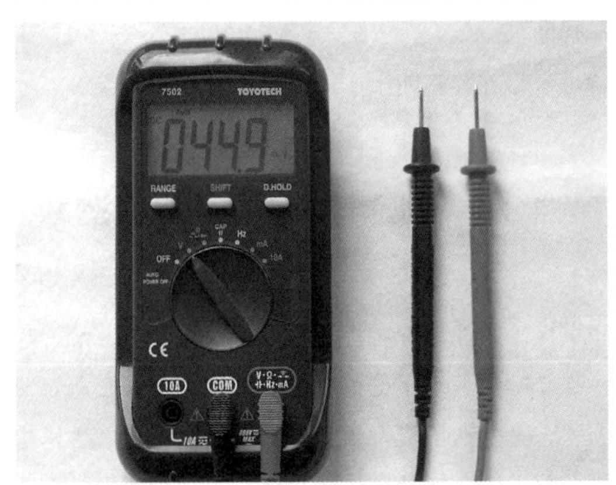

写真13.1　携帯型デジタルマルチメータの一例

(3)　動作の概要

電圧、電流、抵抗値などは入力変換部で、その大きさに比例した直流電圧に変換され、デジタル直流電圧計に加えられる。デジタル直流電圧計は、この直流電圧をA/D変換部でデジタル信号に変換し、表示部で計測結果をデジタル表示する。

(4)　取扱上の注意点

デジタルマルチメータを取り扱う際に注意すべき主な点は、次のとおりである。

①　適切な機能と測定範囲を正しく選択すること。

②　テストリード（テスト棒）の正（プラス）と負（マイナスまたは共通）を正しく被測定物に接続すること。

③　強電磁界を発生する装置の近傍では、指示値が不安定になることがあるので、それより離して測ること。

④　テストリード（テスト棒）を被測定回路に接続した状態で機能や測定範囲のスイッチを操作しないこと。

⑤　使用後はスイッチをOFFにすること。

13.4.3　終端型高周波電力計

(1)　概要

送信機や送受信機などの高周波出力電力を測定するのに高周波電力計が用いられることが多い。高周波電力計には多くの種類があり、用途に応じて適切なものを使用しなければならない。ここでは、送信電力を送信機の出力インピーダンスと同じ値の抵抗で終端して消費させ、その抵抗の両端に発生する電圧から電力を求める終端型高周波電力計について述べる。

(2)　構成

終端型高周波電力計は、第13.2図に示す構成概念図のように終端抵抗R、高周波用ダイオードD、コンデンサC、直流電圧計などから成る。また、終端型高周波電力計の一例を写真13.2に示す。

(3)　動作の概要

入力端子に加えられた高周波信号は、電力計の適合インピーダンスと同じ

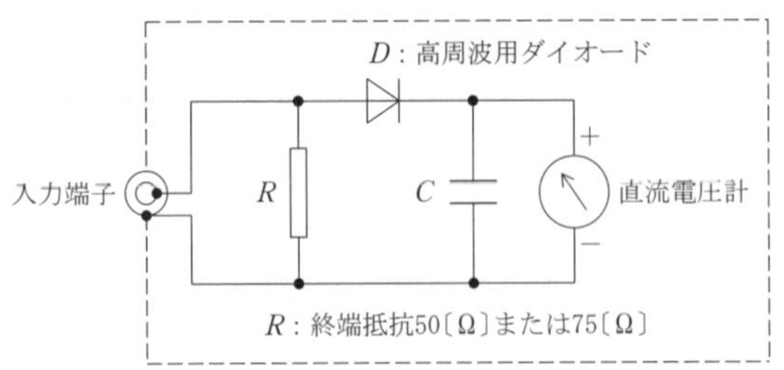

第13.2図　終端型高周波電力計の構成概念図

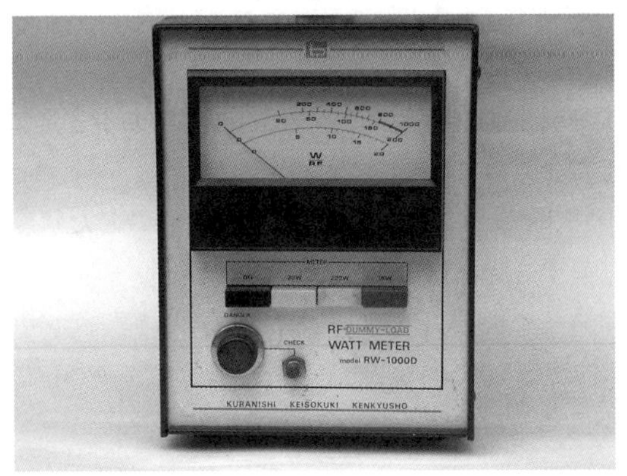

写真13.2　終端型高周波電力計の一例

値の高周波特性の優れた無誘導抵抗の50〔Ω〕または75〔Ω〕で電力消費される。その際、抵抗Rの両端には入力端子に加えられた高周波電力に比例する高周波電圧が生じる。この高周波電圧を高周波用ダイオードDとコンデンサCで直流に変えて直流電圧計で測ることで高周波電力を測定するものである。

(4)　取扱上の注意点

終端型高周波電力計を取り扱う際に注意する主な点は、次のとおりである。

①　送信機に適合するインピーダンスのものを用いること。

②　最大許容電力を超えないこと。

③　規格の周波数範囲内で用いること。

13.4.4　標準信号発生器

(1)　概要

標準信号発生器は、周波数が正確な信号を正確な信号レベルで提供するもので、受信機の感度測定、送受信機の調整や故障修理、各種回路の調整などに用いられる測定器である。

(2)　構成

標準信号発生器は、第13.3図に示す構成概念図のように信号発生部、高周波増幅器、自動利得制御回路、可変減衰器、出力指示器などから成る。

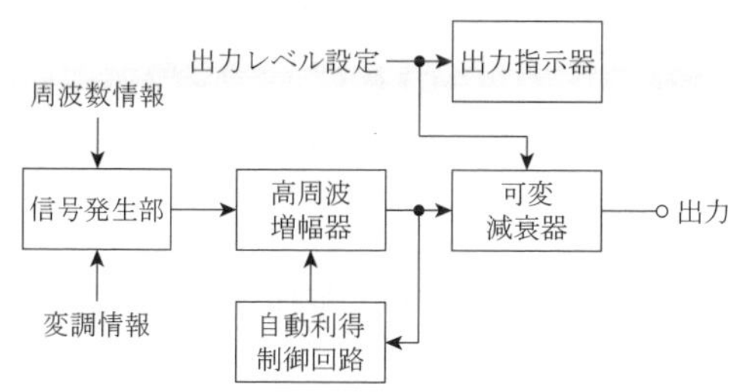

第13.3図　標準信号発生器の構成概念図

標準信号発生器の一例を写真13.3に示す。

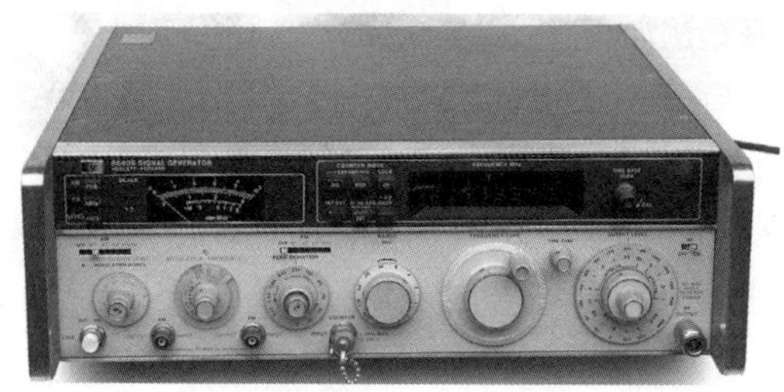

写真13.3　標準信号発生器の一例

(3)　動作の概要

信号発生部は、周波数が正確な信号の発生及びAM/FMやデジタル変調を行う役割を担っている。信号発生部で生成された高周波信号は、高周波増幅器で規格の電力値に増幅され、減衰量を可変できる精度の高い減衰器に加えられる。そして、減衰量を変えることで極めて正確な所望レベルの信号として出力される。なお、自動利得制御回路は、高周波増幅器の出力レベルを広い周波数範囲で一定にする働きを担う。

(4) 取扱上の注意点

標準信号発生器を取り扱う際に注意する主な点は、次のとおりである。

① 被測定装置に適合する出力インピーダンスのものを用いること。

② 規格の周波数範囲内で使用すること。

③ 出力端子に送信機などから過大な高周波電力を加えないこと。

④ 適切なウォームアップ時間を与えること。

13.5 測定法

13.5.1 概要

無線局の保守点検における測定に際しては、精度が保証された測定器を正しく使用しなければならない。ここでは、電圧、電流、高周波電力、周波数、スプリアス、SWRの測定方法について簡単に述べる。

13.5.2 DC電圧の測定

デジタルマルチメータを用いてDC電圧を測定する場合は、デジタルマルチメータの機能切換スイッチをDC電圧にし、第13.4図に示すように被測定物に対して並列に接続する。DC電圧計として使用する場合は、プラスとマ

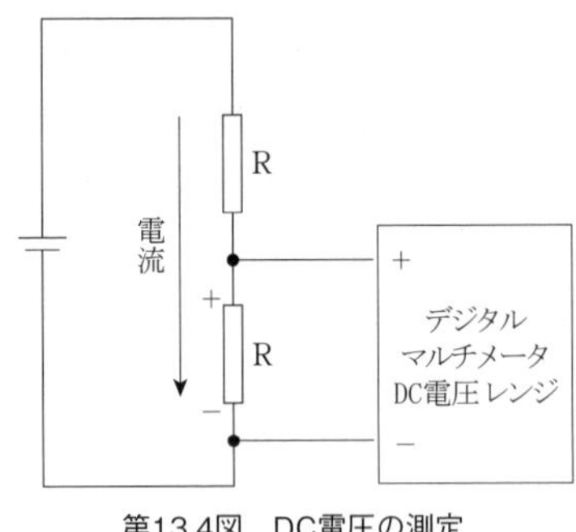

第13.4図　DC電圧の測定

イナスの極性があるので極性を確認し、正しく接続しなければならない。

13.5.3　AC電圧の測定

デジタルマルチメータを用いてAC電圧を測定する場合は、デジタルマルチメータの機能切換スイッチをAC電圧にし、第13.5図に示すように被測定物に対して並列に接続する。なお、AC電圧の測定では、極性の確認は不要である。

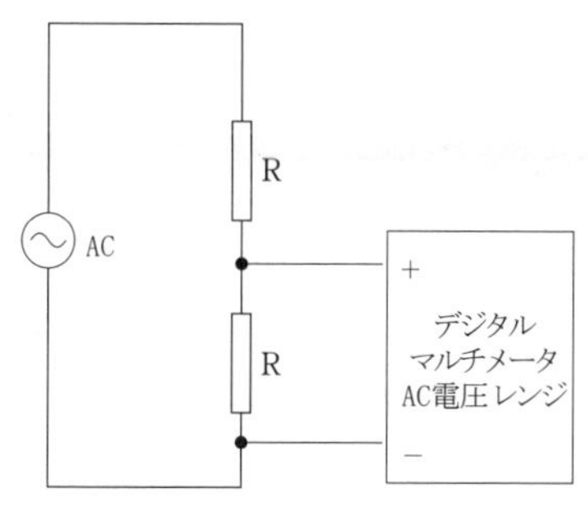

第13.5図　AC電圧の測定

13.5.4　DC電流の測定

デジタルマルチメータを用いてDC電流を測定する場合は、デジタルマルチメータの機能切換スイッチをDC電流にし、第13.6図に示すように被測定

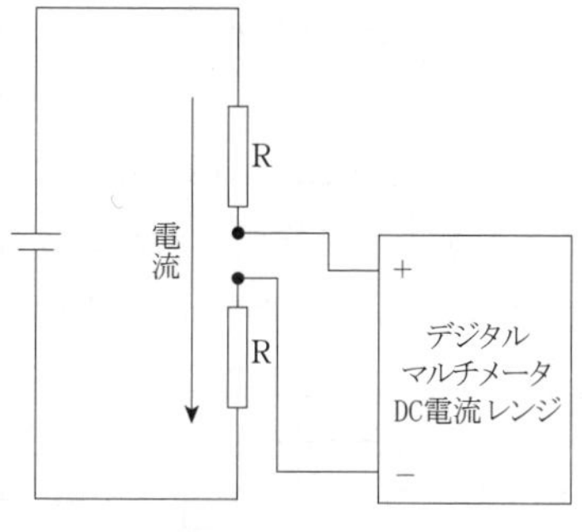

第13.6図　DC電流の測定

回路に直列に接続する。プラスとマイナスの極性があるので極性を確認し、正しく接続しなければならない。

13.5.5 AC電流の測定

デジタルマルチメータを用いてAC電流を測定する場合は、デジタルマルチメータの機能切換スイッチをAC電流にし、DC電流の測定の場合と同様に接続する。ただし、交流を測定する場合は、DC電流の測定の場合と違いテストリードのプラス・マイナスの区別は無い。

13.5.6 高周波電力の測定

送信機や送受信機の送信電力は、第13.7図に示すように送信出力を終端型高周波電力計に接続して測定される。終端型高周波電力計による送信電力の測定では、アンテナから電波を放射せずに測定することができる。

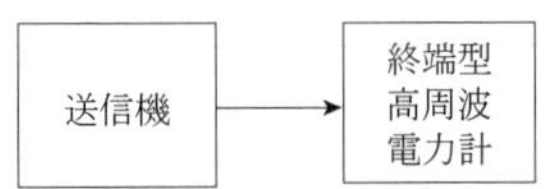

第13.7図　終端型高周波電力計による送信電力の測定

この測定では、送受信機の出力インピーダンスと同じインピーダンスの終端型高周波電力計を用いる必要がある。

13.5.7 周波数の測定

送信機や送受信機の出力周波数は、第13.8図に示すようにダミーロード（擬似負荷）を兼ねる減衰器を介して接続された周波数カウンタで計測される。なお、周波数カウンタは、一定時間内に被測定信号の波の数を計測し、周波数としてデジタル表示するものである。

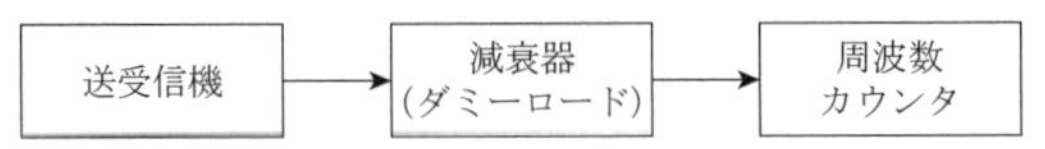

第13.8図　周波数カウンタによる送信周波数の測定

周波数カウンタの一例を写真13.4に示す。なお、周波数カウンタを使用する場合は、最大許容入力電力に注意し、測定開始前に適切なウォームアップ時間を与える必要がある。

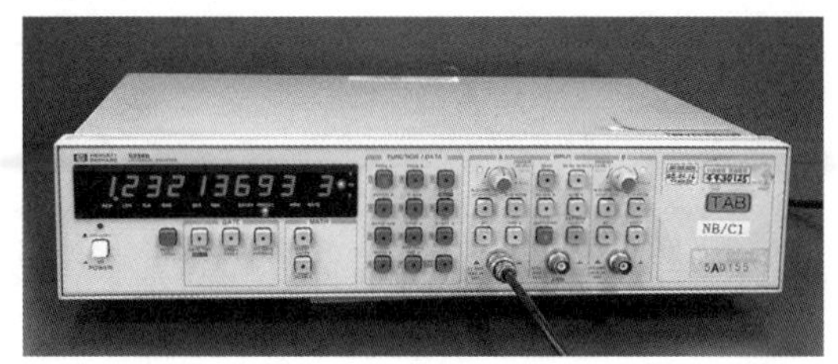

写真13.4　周波数カウンタ

13.5.8　スプリアスの測定

送信機や送受信機の出力に含まれるスプリアス成分は、第13.9図に示すように送信機の出力をダミーロード（擬似負荷）を兼ねる減衰器を介して接続されたスペクトルアナライザで計測される。

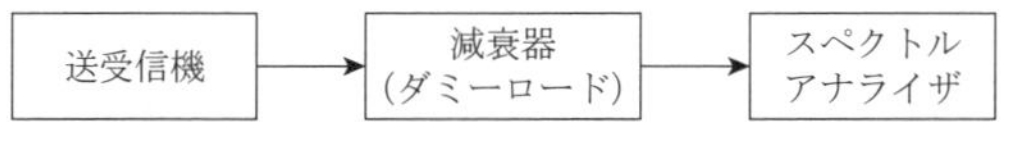

第13.9図　スペクトルアナライザによるスプリアスの測定

スペクトルアナライザは、一種の受信機であり、受信周波数を変化させ、液晶などの画面の縦軸を信号の強さ、横軸を周波数として表示するものである。

第13.10図にスプリアス測定の結果の一例を示す。この例では、基本波の120〔MHz〕の信号に対して、第2～4高調波と周波数シンセサイザによるスプリアスが計測されている。

スペクトルアナライザの使用に際しては、最大許容入力電力を超えないように注意し、周波数範囲と適切な分解能を選択することが大切である。

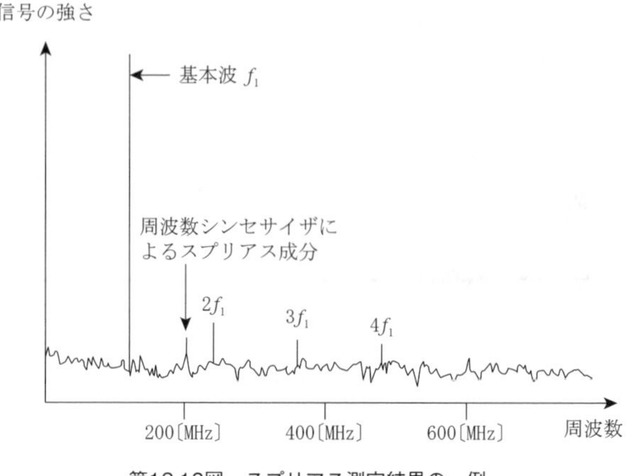

第13.10図　スプリアス測定結果の一例

13.5.9　SWRの測定

SWR（Standing Wave Ratio：定在波比）の測定は、第13.11図に示すように送信機や送受信機の高周波出力端子と給電線の同軸ケーブルの間に進行波電力と反射波電力が測定できる通過型高周波電力計を挿入して行う。通過型高周波電力計の一例を写真13.5に示す。

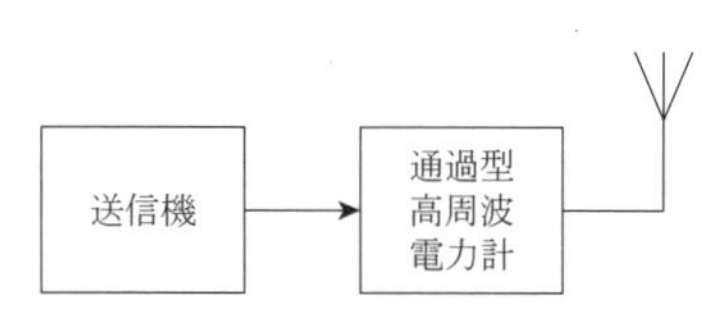

第13.11図　通過型高周波電力計の接続

写真13.5　通過型高周波電力計の一例

定在波比Sは、進行波電力P_fと反射波電力P_rを測り、次の計算式で求める。

$$S=\frac{\sqrt{P_f}+\sqrt{P_r}}{\sqrt{P_f}-\sqrt{P_r}}$$

なお、通過型高周波電力計には、特性インピーダンスが50〔Ω〕と75〔Ω〕の２種類があるので、同軸ケーブルの特性インピーダンスに適合する型を用いなければならない。

第14章　点検及び保守

14.1　概要

無線局の設備は、電波法の技術基準などに合致し、不適切な電波の発射などにより無線通信に妨害を与えることがないよう適切に維持管理されなければならない。定例検査に加えて日常の状態を常に把握し、定常状態との違いなどから異常を察知することが求められる。

無線局の保守管理業務で大切なことは、不具合の発生を予防し故障を未然に防ぐことである。具体的には、日、週、１か月、３か月、６か月、12か月点検など、決められた時期に決められた項目を確実かつ適切に実施することが大切である。

不具合や異常が生じた場合は、その内容を業務日誌などに記録すると共に整備担当者や保守を担当する会社などに連絡し、修理を依頼する。

14.2　空中線系統の点検

風雨にさらされるアンテナや給電線は、経年劣化が顕著に出やすい部分である。給電部分の防水処理や同軸ケーブルの被覆の亀裂などを目視検査することも故障を予防する上で大切である。高い所に取り付けられているアンテナの目視検査には、双眼鏡などの使用も有効である。また、日常の運用状態を常に掴んでおくことも大切である。例えば、同軸コネクタの接続状態が悪い場合､受信雑音の増加や通信距離が短くなることなどで異常を察知できる。なお、この場合にSWRを測定すると異常値を示すことが多い。

アンテナや給電線の保守点検を実施する場合は、高所作業になるので墜落制止用器具（安全帯）やヘルメットの着用が必要であり、２名による作業が

メ モ ―――――――――――――――――――――――――――――

基本である。

14.3　電源系統の点検

電源では安定化回路の電力用トランジスタの放熱処理が信頼性に影響を与えるので、冷却部の動作確認と防塵フィルタの洗浄を定期的に実施し、温度上昇を防ぐことが故障を予防する上で重要である。

機器が正常に動作している場合でもヒューズの劣化によってヒューズが切れることがある。この場合には、ヒューズを取り替えれば元に戻るが、取り替えるヒューズは、メーカの保守部品として納入された純正品、または、同等であることが確認されたものを使用しなければならない。特に、規格値の大きいヒューズを挿入した場合は、過電流が流れてもヒューズが飛ばない（切れない）ので部品などが加熱され、発火する恐れがあり非常に危険である。

14.4　送受信機系統の点検

無線通信装置において中心的な役割を担う送受信機は、電波の質に影響を与える重要な機能を備えているので、適切に維持管理される必要がある。電波法で定める電波の質に合致しない電波の発射は、他の無線通信に妨害を与える可能性がある。社会的に重要な無線局などの設備は、電波法に基づき定期検査が行われることになっている。

発射する電波の質を適切に維持管理することは当然として、故障や不具合の発生を防ぐことが重要である。例えば、各装置に取り付けられている冷却用ファンの動作確認と防塵フィルタの洗浄を定期的に実施し、装置の温度上昇を防ぐことは、故障率を下げるのに有効である。

平成24年１月20日　初版第１刷発行
令和６年５月15日　５版第１刷発行

航空特殊無線技士

無　線　工　学

（電略　コオコ）

発行　一般財団法人　情報通信振興会
〒170-8480　東京都豊島区駒込２－３－10
販売　電話　０３（３９４０）３９５１
編集　電話　０３（３９４０）８９００
URL　https://www.dsk.or.jp/
振替口座　00100－９－19918
印刷所　船舶印刷株式会社

©情報通信振興会 2024 Printed in Japan

ISBN978-4-8076-0997-0 C3055 ¥1600E